Themenheft 1 2 3

Geometrie · Knobel- und Sachaufgaben

Die Zahlen-Dreher

erarbeitet von
Jörg Krampe und Rolf Mittelmann

illustriert von Antje Keidies

Oldenbourg

In der Mitte des Heftes findest du zwei **Spiele**. Am besten du bewahrst das Spielmaterial in einem Briefumschlag auf. So geht es nicht verloren.

So kannst du Knobelaufgaben leichter lösen

1. Aufgabe verstehen

Luka geht immer um 7.30 Uhr aus dem Haus und ist um 8.10 Uhr in der Schule. Anna geht in die gleiche Klasse wie Luka, hat aber einen um 20 Minuten kürzeren Schulweg. Sie kommt immer 5 Minuten später in der Schule an als Luka.
Wann geht Anna von zu Hause los?

Lies die ganze Aufgabe.
Unterstreiche wichtige Wörter.

Hast du alles verstanden?
Erzähle in eigenen Worten nach.

2. Lösungsstrategie überlegen

Luka: Haus 7.30 Uhr — Schulweg ___ min — Schule 8.10 Uhr

Anna: Haus ______ Uhr — Schulweg ___ min — Schule ______ Uhr

Eine Zeichnung oder Tabelle kann dir helfen.

3. Aufgabe lösen

Löse die Aufgabe
Schritt für Schritt.

4. Ergebnis kontrollieren

Kann dein Ergebnis stimmen?
Rechne nach und vergleiche
mit der Lösungsseite im LH.

1 Welcher Hund gehört zu welchem Kind? Finde es heraus und schreibe die Anfangsbuchstaben der Hundenamen unter das richtige Bild.

Was wünschen sich alle Hunde?

Lösungswort: ___ ___ ___ ___ ___ ___ ___

① Emma und Paul besuchen den Zoo. Auf dem Lageplan schauen sie, wo sie entlanggehen müssen, um die Tiere zu sehen. Sie beginnen jeweils beim Eingang. Zu welchem Tier gehen sie? Notiere die Buchstaben, dann erhältst du ein Lösungswort.

a) Emma geht vom Eingang aus nach links, geradeaus an den Vögeln vorbei bis zur nächsten Wegegabelung. Dort ist sie beim ______________ ☐.
Paul geht vom Eingang aus nach rechts. Er kommt an den Pinguinen vorbei, biegt beim Elefanten nach links und ist an der nächsten Kreuzung beim ______________ ☐.

b) Emma geht vom Eingang aus nach rechts. Bei der ersten Kreuzung geht sie wieder nach rechts, dann an 2 Tieren vorbei und kommt danach zum ______________ ☐. Paul geht zuerst nach links, biegt bei der nächsten Möglichkeit rechts ab, geht noch einmal nach rechts und dann nach links. Bei der nächsten Kreuzung ist er beim ______________ ☐.

Lösungswort: ___ ___ ___ ___

② Finde eine Strecke von den Vögeln Ⓥ bis zum Bären Ⓑ, die an allen Tieren vorbeiführt. Dabei soll jeder Weg genau einmal genutzt werden. Hier kannst du probieren:

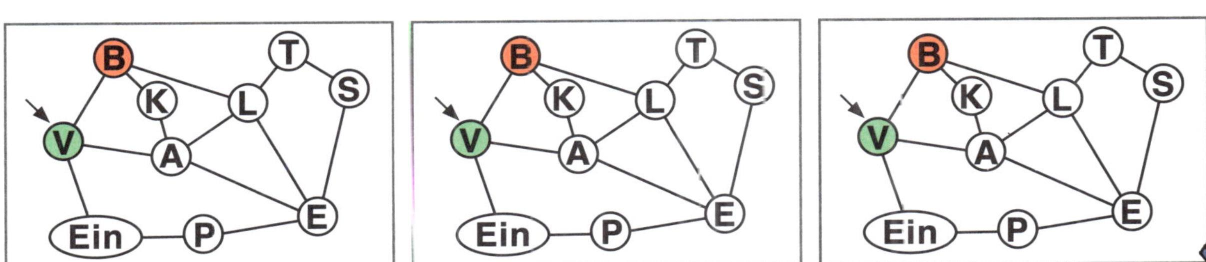

5 Fertig? Trage unter die Zahl im Farbfeld und hinten im Heft den passenden Buchstaben ein.

① Schau dir genau an, was auf der Baustelle passiert. Kreuze an, was stimmt.

a) Der Eimer befindet sich …

☐ … über dem Wasserkasten.
☐ … unter dem Wasserkasten.
☐ … rechts vom Wasserkasten.

b) Der Vogel sitzt …

☐ … vor dem Rohr.
☐ … im Rohr.
☐ … neben dem Rohr.

c) Die Frau mit der Kelle steht …

☐ … über dem Gehilfen.
☐ … neben dem Gehilfen.
☐ … hinter der Mauer.
☐ … auf der Mauer.

d) Die Schippe steht …

☐ … rechts vom Besen.
☐ … hinter der Hacke.
☐ … zwischen der Hacke und dem Besen.

e) Die Schubkarre steht …

☐ … vor dem Wasserkasten.
☐ … hinter dem Wasserkasten.
☐ … über dem Wasserkasten.

1 Wohin fahren die Fahrzeuge? Zeichne den Weg ein und notiere die Zahl, die im Ziel steht.

6 **ho**, 1 **re**, 1 **ho**, 10 **re**: 0

5 **ho**, 2 **re**: ___

2 **ho**, 1 **li**, 2 **ho**, 3 **re**, 1 **ho**: ___

3 **ho**, 4 **re**, 2 **ho**, 2 **li**, 1 **ru**: ___

1 **ho**, 1 **li**, 1 **ho**, 2 **re**, 1 **ru**: ___

2 **ho**, 1 **re**, 4 **ho**, 8 **li**: ___

6 **ho**, 1 **re**, 4 **ru**: ___

1 **ho**, 1 **re**, 3 **ho**, 1 **li**, 2 **ho**, 1 **re**, 1 **ho**: ___

0							

Lösungswort: Z _ _ _ _ _ _ _

2 Diesmal ist der Weg der Fahrzeuge gezeichnet. Beschreibe ihn wie in Aufgabe 1.

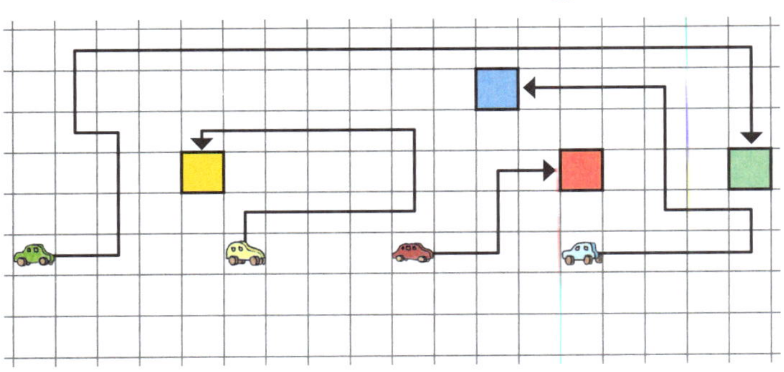

2 re, 3 ho, 1 li, ______________________

____

____

____

1 Lena, Christian, Erkan und Marie haben ihr Lieblingsspielzeug vor sich auf den Tisch gestellt.

Wie sehen die einzelnen Kinder die Spielsachen? In jeder Reihe ist nur ein Bild richtig. Mit den entsprechenden Zahlen findest du unten das Lösungswort.

a) Das sieht Christian:

☐ 6

☐ 4

☐ 1

b) Das sieht Marie:

☐ 6

☐ 0

☐ 2

c) Das sieht Erkan:

☐ 8

☐ 6

☐ 4

Was stimmt nicht an Emmas Auto?

Lösungswort: Es fehlt ein ___ ___ ___.

1 Folge der Linie vom Stift zum Bild und male es in der vorgegebenen Farbe an.

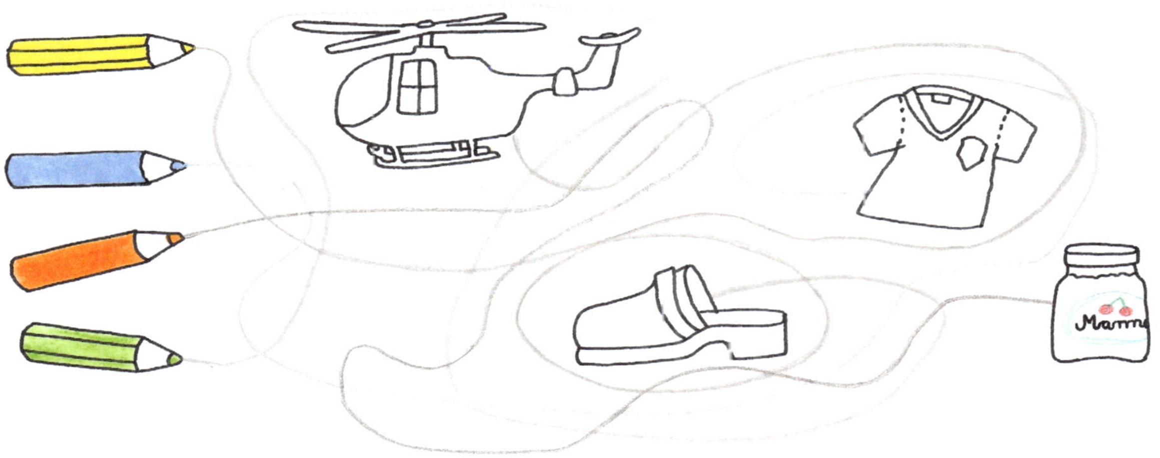

2 Dies ist der Wegeplan vom Zoo. Paul möchte alle Wege gehen, aber nur einmal. Er startet beim Bären Ⓑ und endet beim Kamel Ⓚ. Finde Pauls Weg und schreibe ihn auf.

B, Z, ___, ___, ___, ___,
___, ___, ___, ___, ___, K

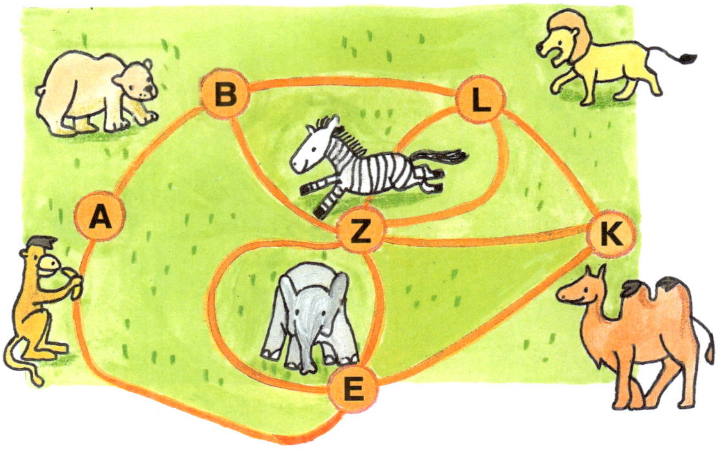

3 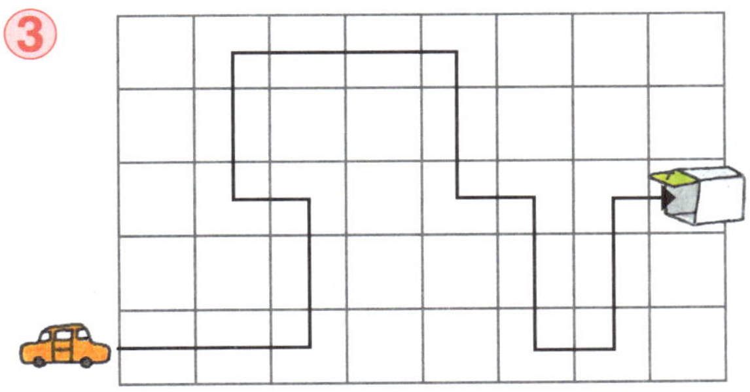

Beschreibe den Weg des Autos zur Garage. Benutze die Wörter: links (l), rechts (r), hoch (h), abwärts (a) und notiere die Kästchenzahl.

Start, 3r, 2h, ___, ___, ___, ___,
___, ___, ___, ___, ___, Garage

4 Hier siehst du Emma. Ordne Bild und Wort richtig zu. Verbinde.

von vorn | von hinten | von links | von rechts | von oben

LH S. 2

① Male die Felder weiter aus. Überlege, welche Farben das Muster hat.

a) 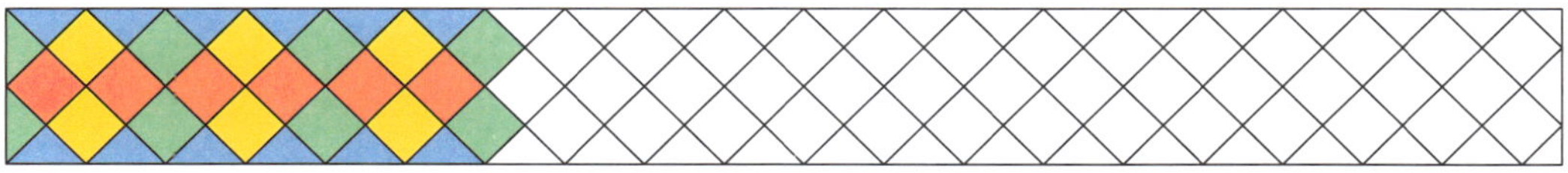

b) 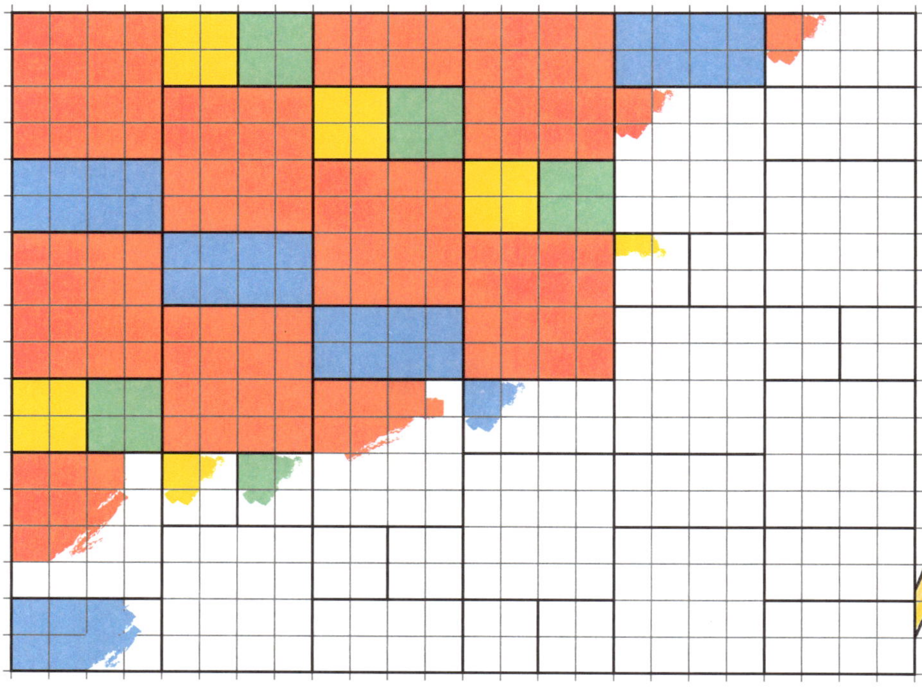

② Ergänze zuerst das Muster. Male dann die Felder weiter aus.

a) 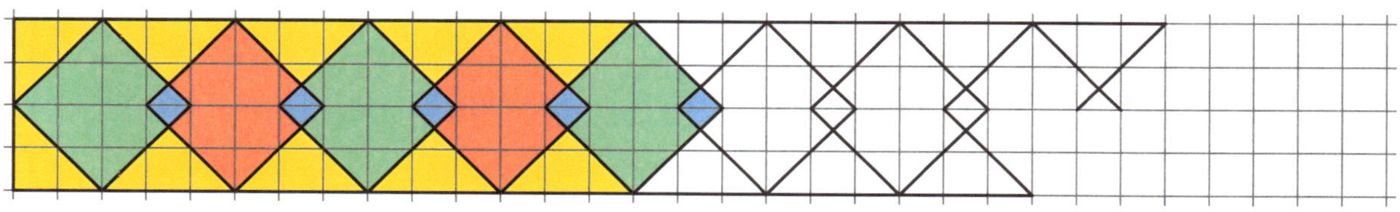

b) 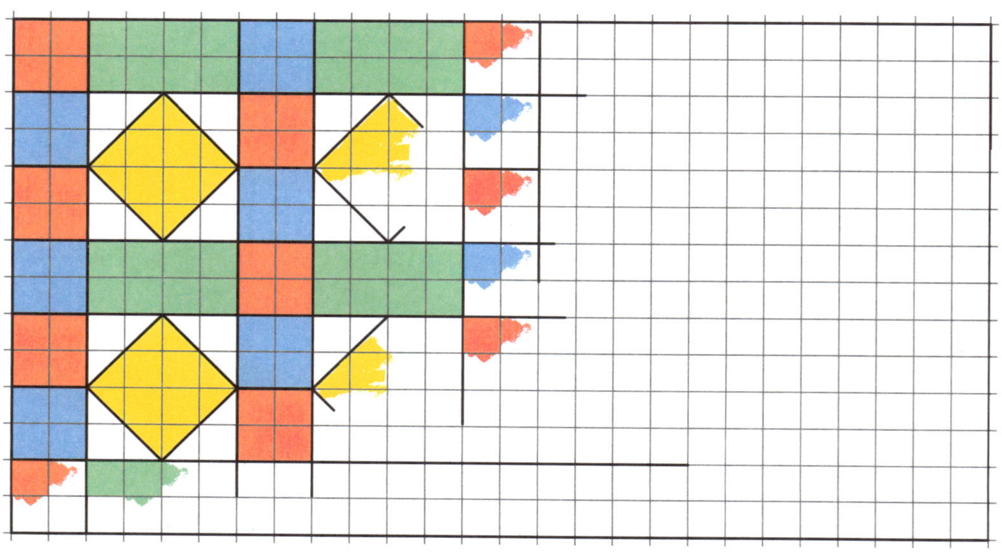

① Aus wie vielen kleinen Kästchen sind die Flächen zusammengesetzt?
Achtung: Es gibt auch halbe Kästchen!

a) b) c)

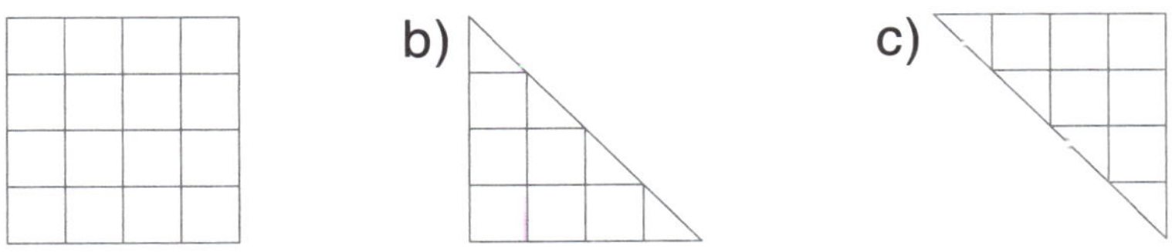

a) ___ Kästchen   b) ___ Kästchen   c) ___ Kästchen

d) e) f)

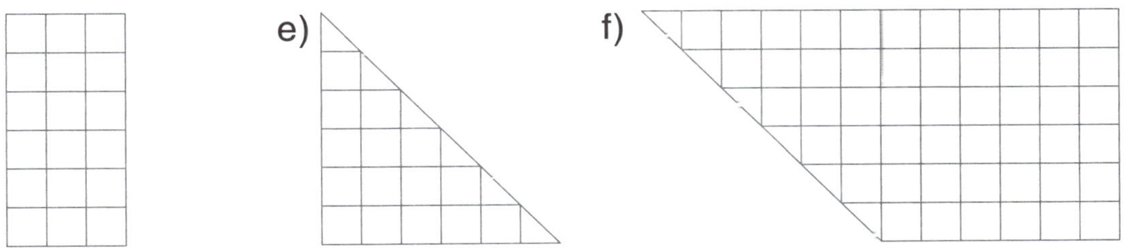

d) ___ Kästchen   e) ___ Kästchen   f) ___ Kästchen

② Wie viele kleine Kästchen passen in die farbigen Flächen?

a)

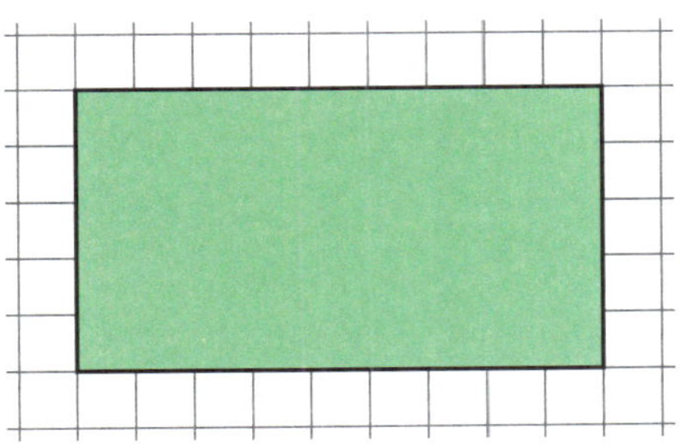

___ Kästchen

b)

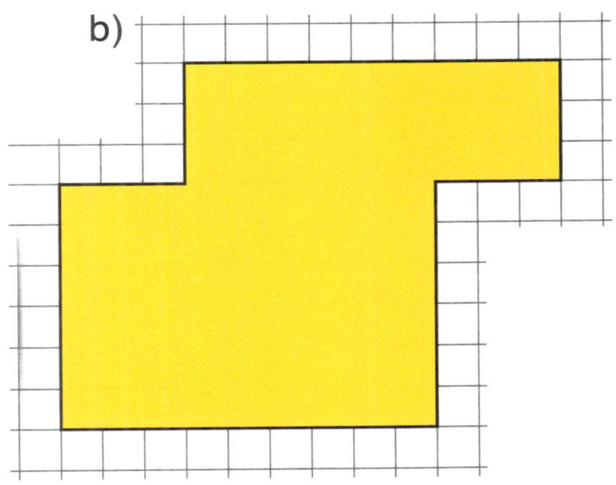

___ Kästchen

c)

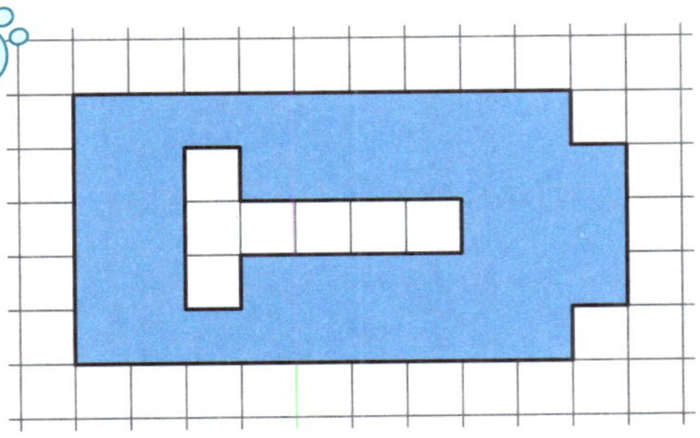

___ Kästchen

d)

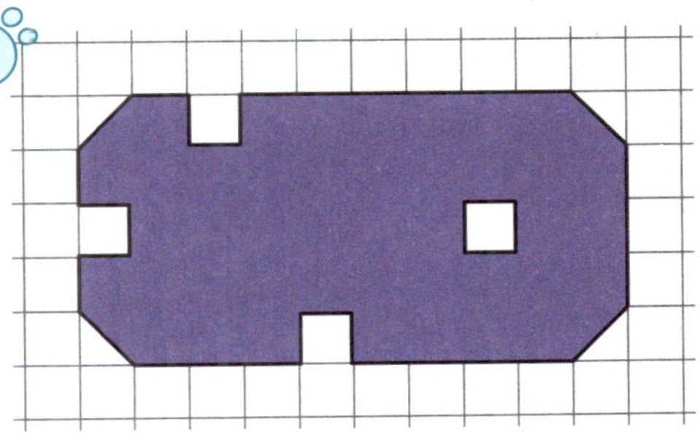

___ Kästchen

Lösungswort: [ ] [3] [ ] [ ] [ ] [ ]

6

① Ordne die Verkehrsschilder der richtigen Form zu.
Trage die Buchstaben in die Tabelle ein.

□	▭	△	○

② Hier siehst du Eckpunkte geometrischer Figuren.
Verbinde diese Punkte miteinander. Welche Formen sind es?
Trage die Buchstaben in die Tabelle ein.

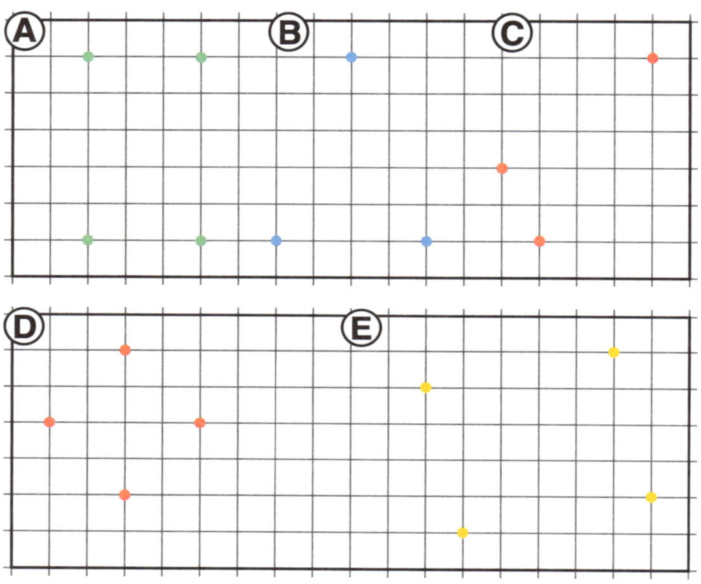

□		
▭		
△		

③ Male alle Formen richtig an, die du in diesem Bild findest.

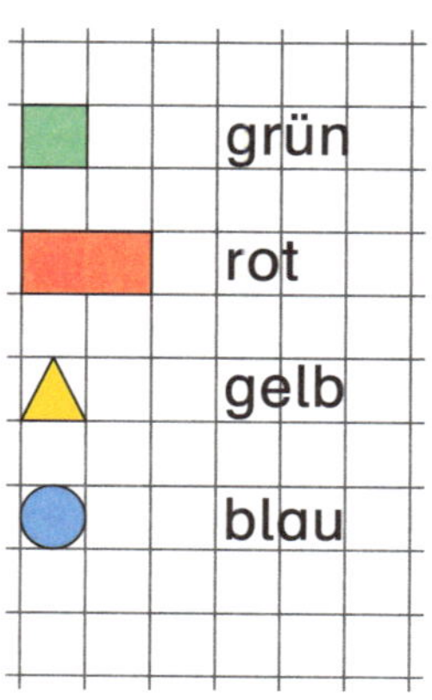

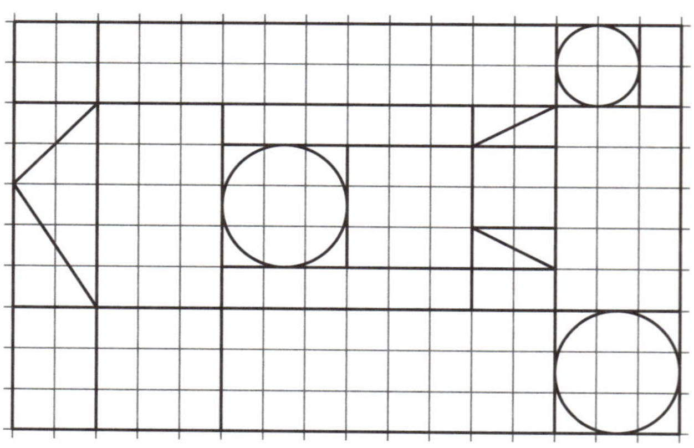

① Schreibe auf, welche Form die Gegenstände haben: Kugel, Würfel, Quader.

Achtung: In jeder Reihe gibt es einen Gegenstand, dessen Form hier nicht genannt ist. Die Buchstaben bei diesen Gegenständen ergeben mit der Drehscheibe die kleinste Zahl aus 3 Ziffern.

a)

b)

c)

Lösungszahl:

② Wie viele Flächen, Kanten und Ecken hat ein Quader? Schreibe auf.

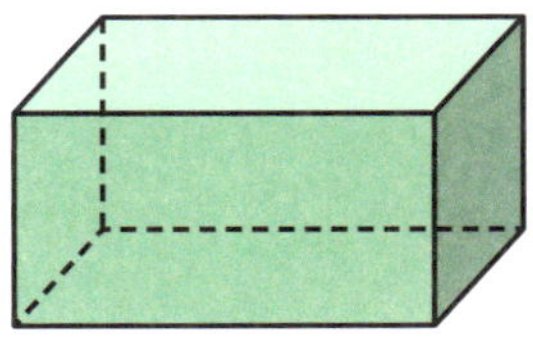

___ Flächen

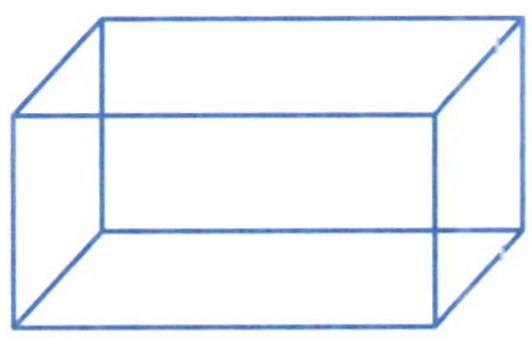

___ Kanten

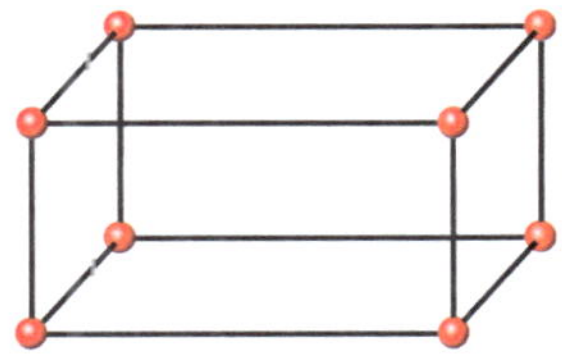

___ Ecken

③ Aus welchen Körpern sind die Figuren gebaut? Zähle und schreibe auf.

Quader, Würfel

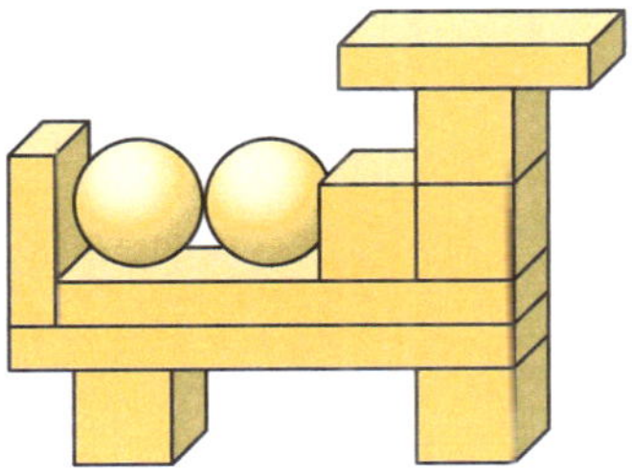

Kugeln, Würfel, Quader

Lösungswort:

Schachtelhäuser und Würfelgebäude

LH S. 3

① Häuser aus Streichholzschachteln

a) Aus wie vielen Schachteln sind die Häuser gebaut?
Tipp: Du kannst nicht immer alle Schachteln sehen.

Ⓐ

___ Schachteln

Ⓑ
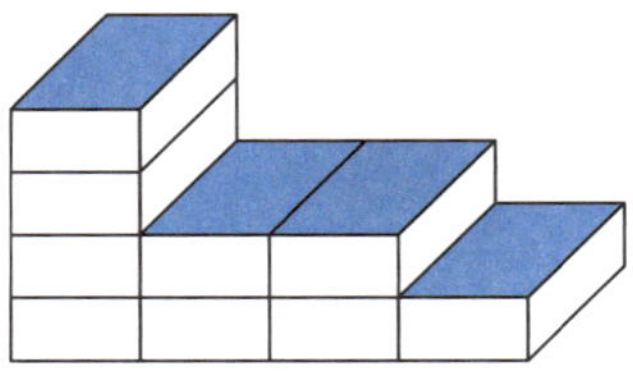
___ Schachteln

Ⓒ
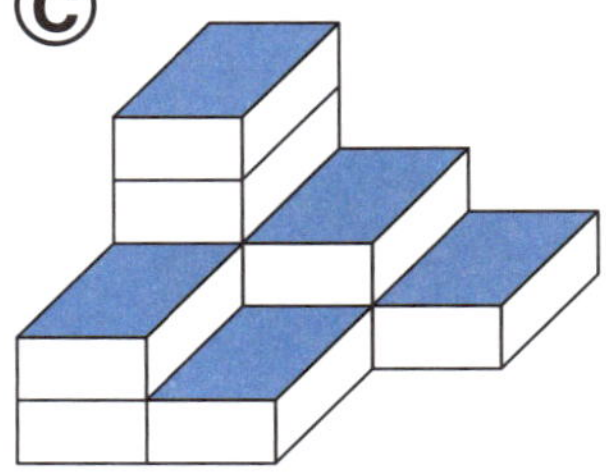
___ Schachteln

Ⓓ
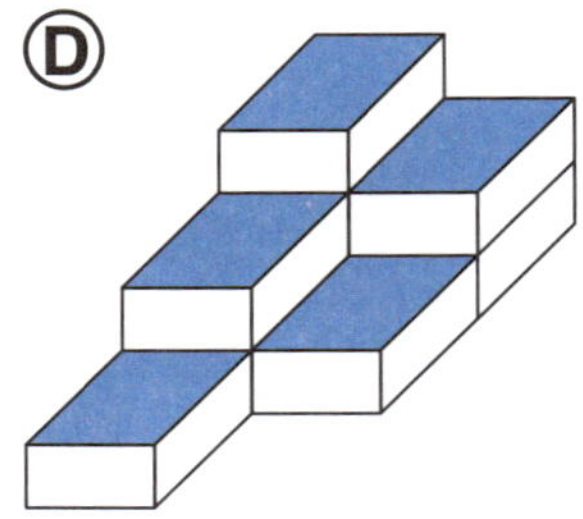
___ Schachteln

b) Hier siehst du die Schachtelhäuser von oben.
Zu welchen Häusern von Aufgabe a) gehören sie? Ordne zu.

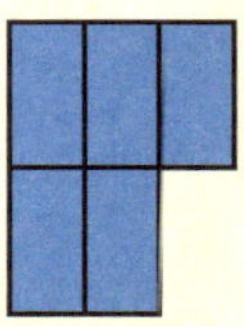
gehört zu ☐

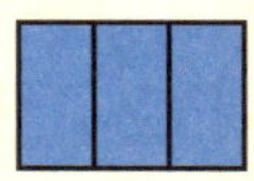
gehört zu ☐

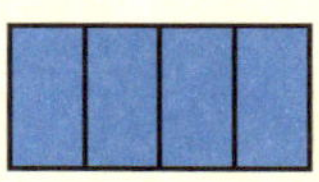
gehört zu ☐

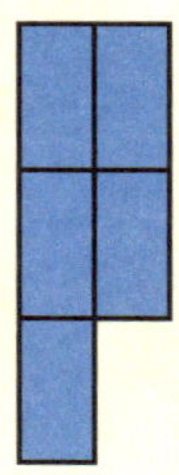
gehört zu ☐

② Würfelgebäude

a) Wie viele Würfel werden gebraucht?

Ⓐ

___ Würfel

Ⓑ

___ Würfel

Ⓒ

___ Würfel

Ⓓ

___ Würfel

b) Ordne die Baupläne den Würfelgebäuden zu. Kreuze an.

3	2	1
2	2	0
2	2	0

→ Ⓐ Ⓑ Ⓒ Ⓓ

3	3	1
2	2	1
2	1	0

→ Ⓐ Ⓑ Ⓒ Ⓓ

3	2	1
3	1	0
3	1	0

→ Ⓐ Ⓑ Ⓒ Ⓓ

3	2	1
3	2	1
3	2	1

→ Ⓐ Ⓑ Ⓒ Ⓓ

① Untersuche die Abbildungen mit einem Taschenspiegel.
Kreuze an, wenn das Bild symmetrisch ist.

a)

☐ 6

☐ 5

b)

☐ 3

☐ 1

☐ 9

☐ 4

☐ 7

Trage hier nur die Zahlen ein, die bei den symmetrischen Bildern stehen.
Dann findest du das Lösungswort:

		1		
___	___	___	___	___

② Ergänze die Figuren symmetrisch.
Zeichne das Spiegelbild jeweils an der roten Linie.

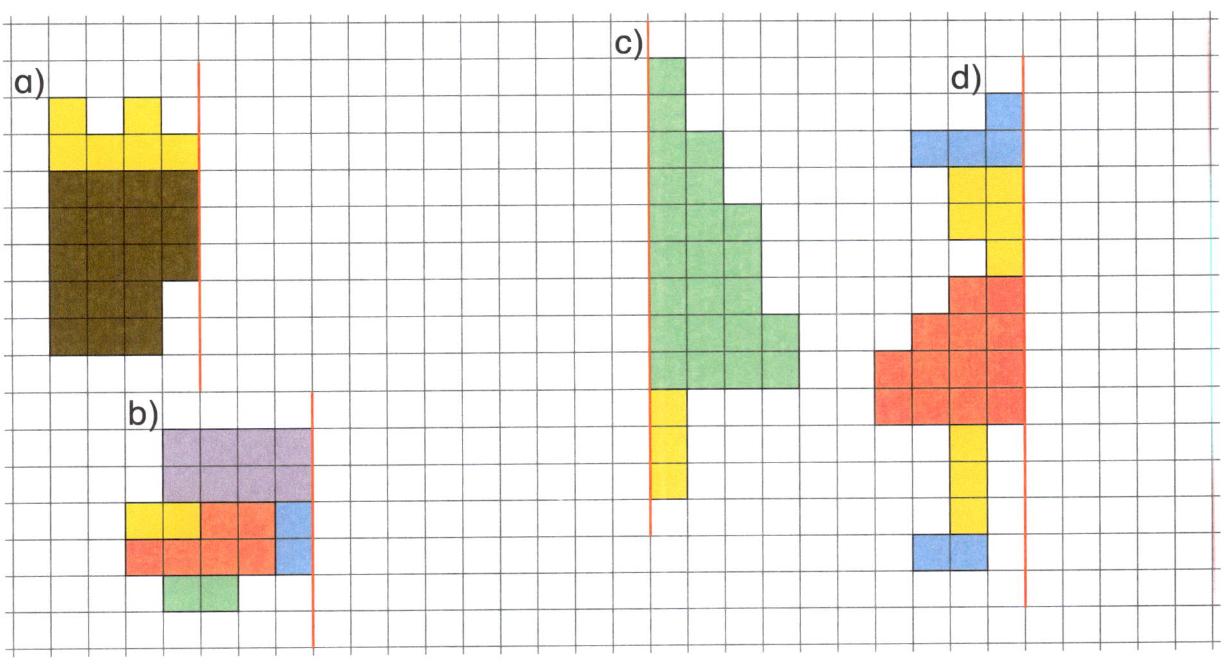

6

Nach Anleitung falten

① Bastele einen Papierbecher. Du brauchst dazu ein quadratisches Stück festes Papier, etwa 20 cm x 20 cm groß.

So wird's gemacht:

a) Falte die untere Hälfte (Dreieck) auf die obere Hälfte.

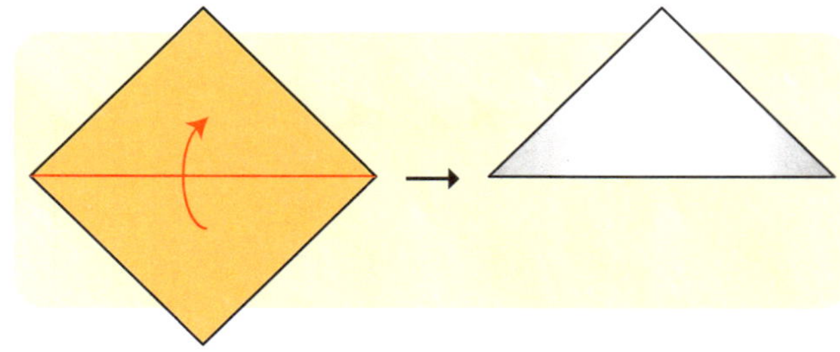

b) Falte die linke Ecke genau auf die rechte Seite, so wie im Bild gezeigt.

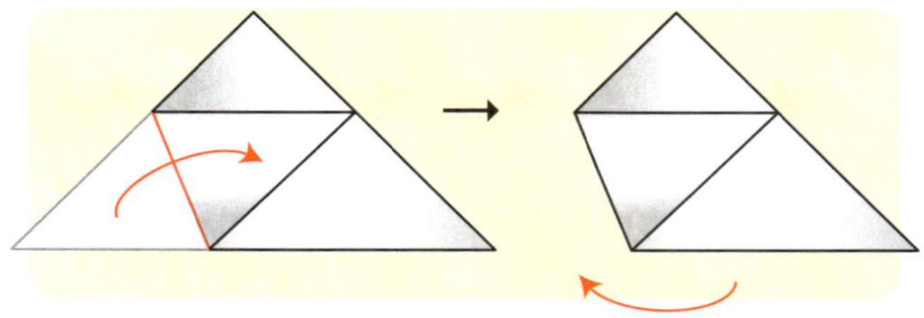

c) Drehe die Figur auf die Rückseite und mache es dort genauso.

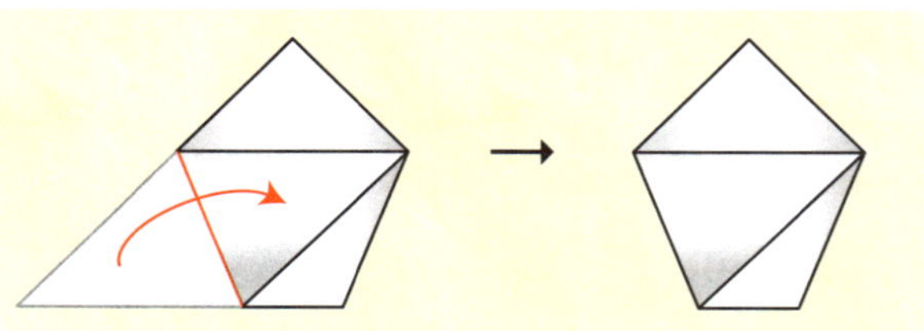

d) Falte das obere Dreieck nach unten. Falte es zurück und stecke es in die „Tasche" des nach vorn gefalteten Dreiecks.

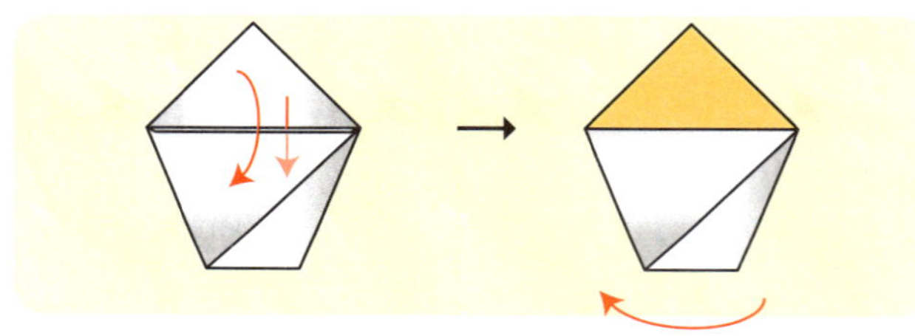

e) Wende die Figur und mache es dort ebenso. Fertig ist dein Becher!

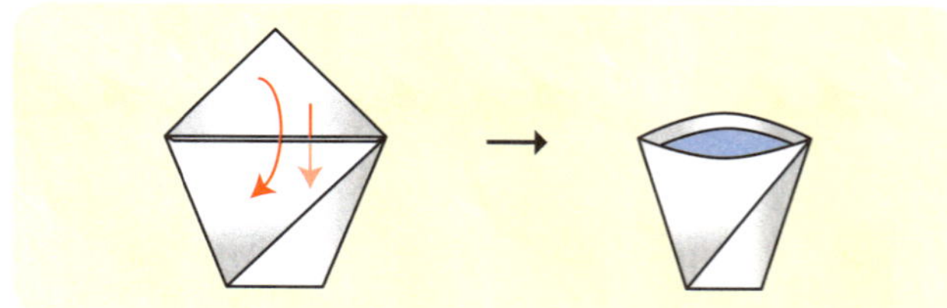

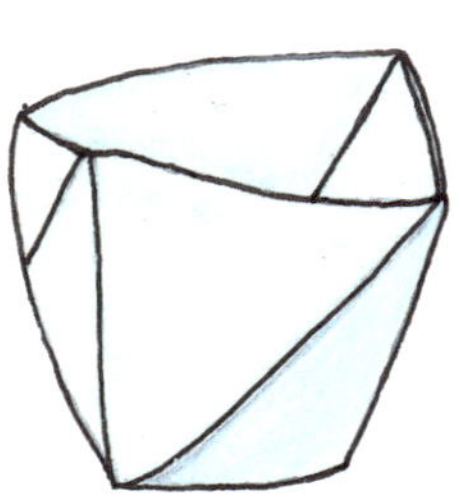

① Setze das Muster fort. Zeichne und male es aus.

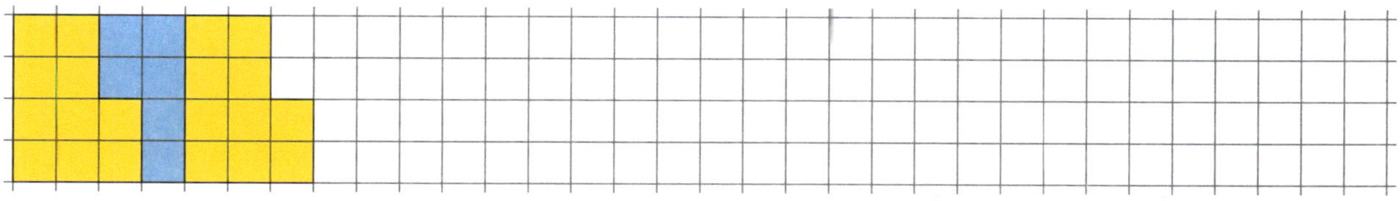

② Aus wie vielen gelben Kästchen bestehen die Figuren?

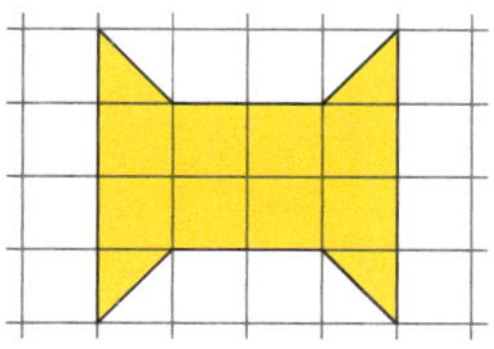 ___

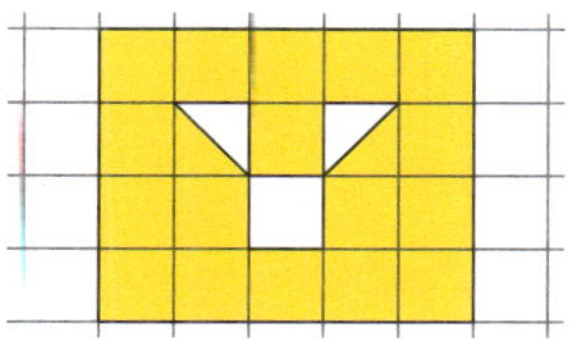 ___

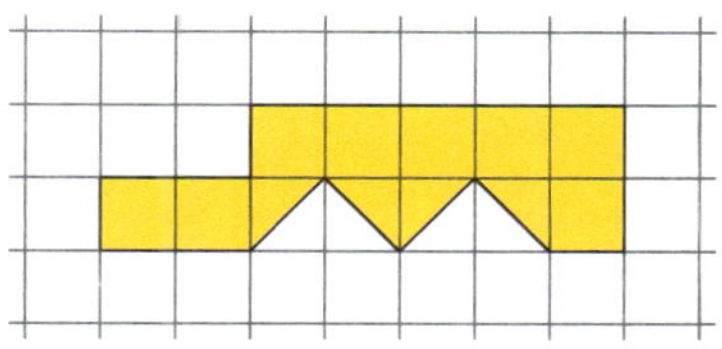 ___

③ Male alle Formen in der angegebenen Farbe aus und zähle.

Figuren	Farbe	Anzahl
Quadrate		
Rechtecke		
Dreiecke		
Kreise		

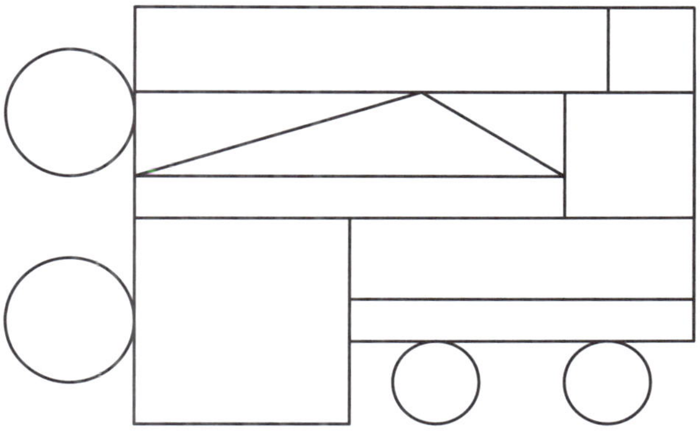

④ Aus welchen Körpern bestehen die Figuren? Zähle und schreibe auf.

a) 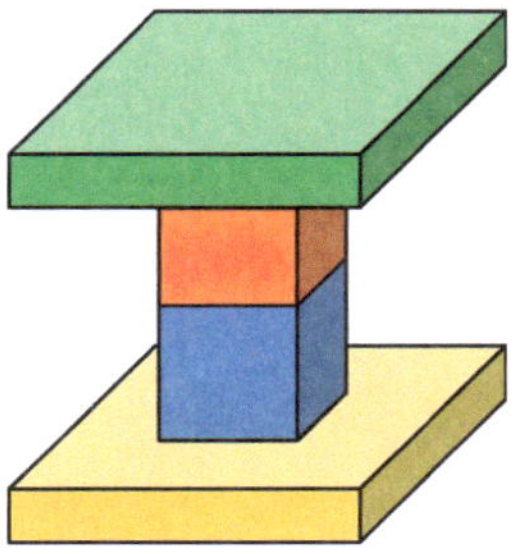

b) 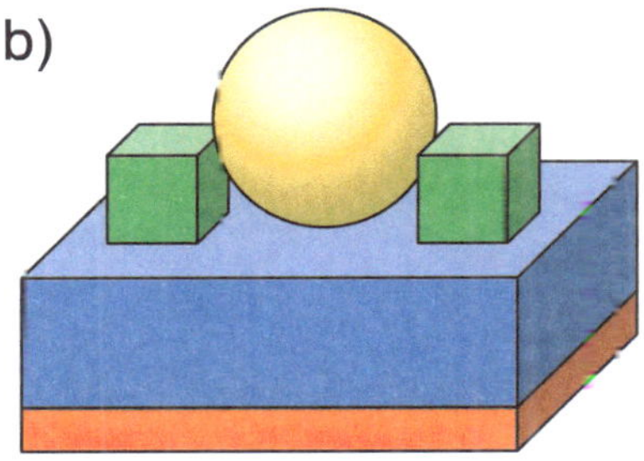

Figuren	a)	b)
Würfel		
Quader		
Kugel		

⑤ Zeichne das Spiegelbild der Figuren.

a) 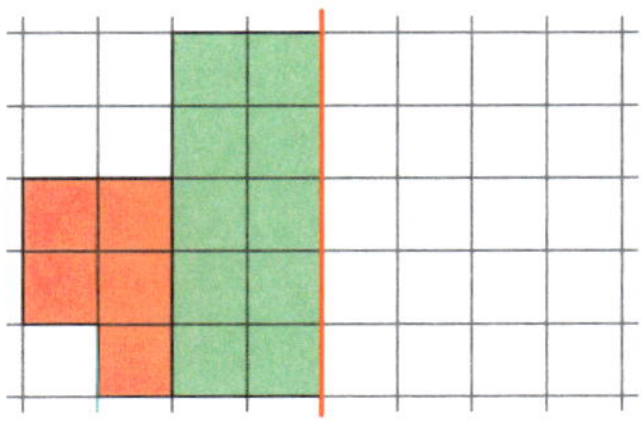

b) 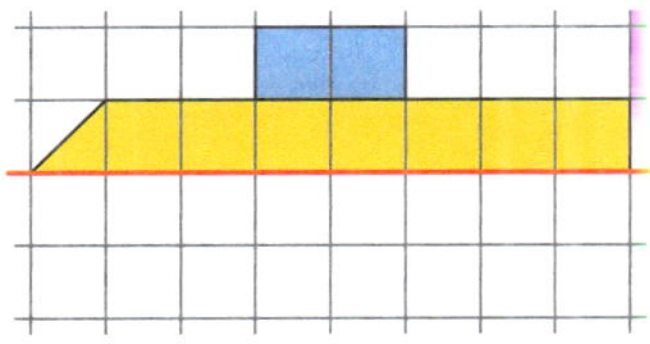

Puzzleteile richtig zuordnen

LH S. 4

① Suche im Puzzle unten diese Teile und male sie genauso aus.

② Jetzt weiβt du, welche Farben im Bild vorkommen.
Male das ganze Bild richtig aus.

① Welche Zahl passt nicht zu den anderen?

a) Betrachte die Regel und schreibe die gesuchte Zahl dahinter.

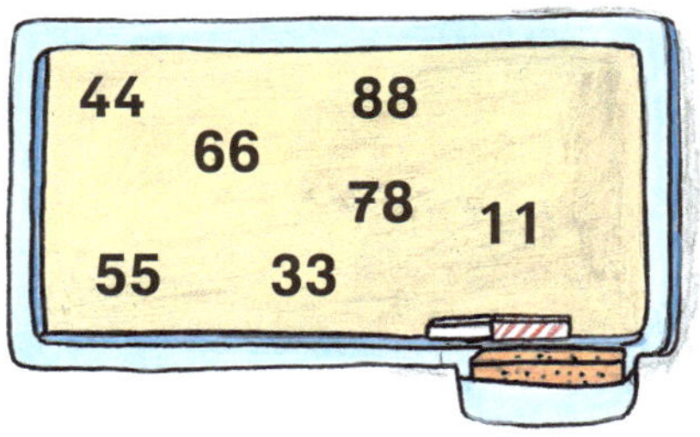

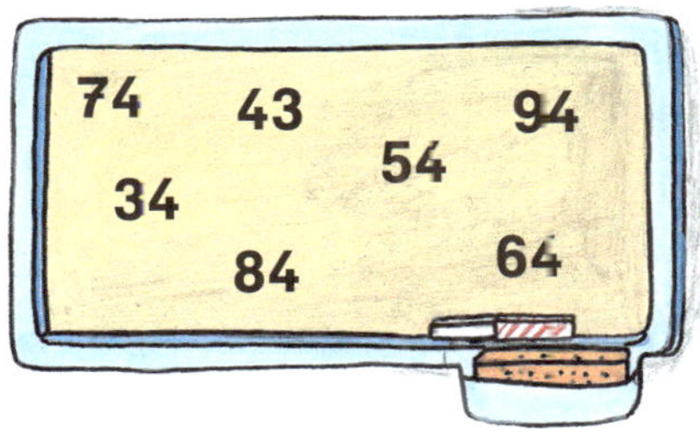

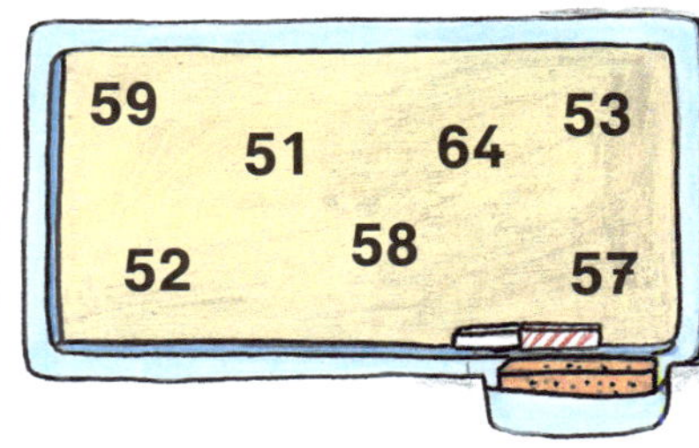

gleiche Ziffern ☐ __ 4 an E-Stelle ☐ __ zwischen 50 u. 60 ☐ __

b) Finde nun selbst die Regel und schreibe die gesuchte Zahl dahinter.

__________ __ ☐ __________ __ ☐ __________ __ ☐

Womit hat Paul die Zahlen an die Tafel geschrieben? Lösungswort: __ __ __ __ __ __

② Welche zwei Bilder sind genau gleich?
Finde die richtigen Paare.

Paare: 1 und __, __ und __, __ und __, __ und __, __ und __

1 Im unteren Bild wurden einige Stellen verändert.
Kreise sie ein und zähle die Unterschiede.

Suche mit der Drehscheibe die Zahl, die zu den Buchstaben passt.
So viele Unterschiede sind im unteren Bild versteckt:

L N

___ ___

(zum Herausnehmen die mittlere Klammer lösen)

Richtig zuordnen

LH S. 1

① Welcher Hund gehört zu welchem Kind? Finde es heraus und schreibe die Anfangsbuchstaben der Hundenamen unter das richtige Bild.

Was wünschen sich alle Hunde?

Lösungswort: K N O C H E N

Lagepläne lesen

LH S. 1

① Emma und Paul besuchen den Zoo. Auf dem Lageplan schauen sie, wo sie entlanggehen müssen, um die Tiere zu sehen. Sie beginnen jeweils beim Eingang. Zu welchem Tier gehen sie? Notiere die Buchstaben, dann erhältst du ein Lösungswort.

a) Emma geht vom Eingang aus nach links, geradeaus an den Vögeln vorbei bis zur nächsten Wegegabelung. Dort ist sie beim Bären [B].
Paul geht vom Eingang aus nach rechts. Er kommt an den Pinguinen vorbei, biegt beim Elefanten nach links und ist an der nächsten Kreuzung beim Affen [A].

b) Emma geht vom Eingang aus nach rechts. Bei der ersten Kreuzung geht sie wieder nach rechts, dann an 2 Tieren vorbei und kommt danach zum Löwen [L]. Paul geht zuerst nach links, biegt bei der nächsten Möglichkeit rechts ab, geht noch einmal nach rechts und dann nach links. Bei der nächsten Kreuzung ist er beim Löwen [L].

Lösungswort: B A L L

② Finde eine Strecke von den Vögeln (V) bis zum Bären (B), die an allen Tieren vorbeiführt. Dabei soll jeder Weg genau einmal genutzt werden. Hier kannst du probieren: Es sind mehrere Lösungen möglich.

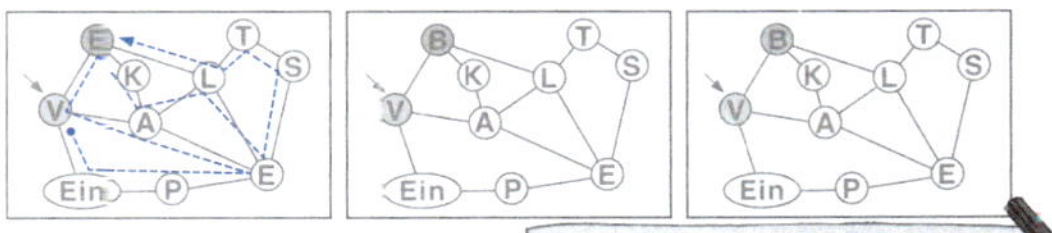

Fertig? Trage unter die Zahl im Farbfeld und hinten im Heft den passenden Buchstaben ein. 3 W

Lagebeziehungen

LH S. 1

① Schau dir genau an, was auf der Baustelle passiert. Kreuze an, was stimmt.

a) Der Eimer befindet sich …

- ☒ … über dem Wasserkasten.
- ☐ … unter dem Wasserkasten.
- ☐ … rechts vom Wasserkasten.

Achtung: Manchmal musst du 2 Kreuze machen.

b) Der Vogel sitzt …

- ☐ … vor dem Rohr.
- ☒ … im Rohr.
- ☐ … neben dem Rohr.

c) Die Frau mit der Kelle steht …

- ☐ … über dem Gehilfen.
- ☒ … neben dem Gehilfen.
- ☒ … hinter der Mauer.
- ☐ … auf der Mauer.

d) Die Schippe steht …

- ☐ … rechts vom Besen.
- ☒ … hinter der Hacke.
- ☒ … zwischen der Hacke und dem Besen.

e) Die Schubkarre steht …

- ☒ … vor dem Wasserkasten.
- ☐ … hinter dem Wasserkasten.
- ☐ … über dem Wasserkasten.

Vom Start zum Ziel

LH S. 1

① Wohin fahren die Fahrzeuge? Zeichne den Weg ein und notiere die Zahl, die im Ziel steht.

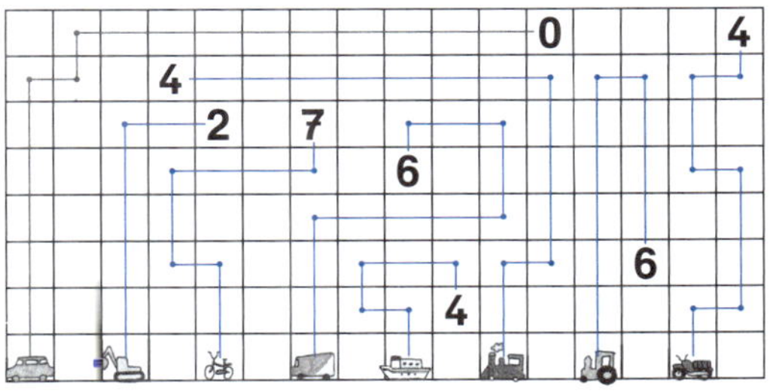

- 6 ho, 1 re, 1 ho, 10 re: 0
- 5 ho, 2 re: 2
- 2 ho, 1 li, 2 ho, 3 re, 1 ho: 7
- 3 ho, 4 re, 2 ho, 2 li, 1 ru: 6
- 1 ho, 1 li, 1 ho, 2 re, 1 ru: 4
- 2 ho, 1 re, 4 ho, 8 li: 4
- 6 ho, 1 re, 4 ru: 6
- 1 ho, 1 re, 3 ho, 1 li, 2 ho, 1 re, 1 ho: 4

re = rechts
li = links
ho = hoch
ru = runter

Das bedeuten die Abkürzungen.

0	2	7	6	4	4	6	4
Z	A	U	B	E	R	E	R

Lösungswort: Z A U B E R E R

② Diesmal ist der Weg der Fahrzeuge gezeichnet. Beschreibe ihn wie in Aufgabe 1.

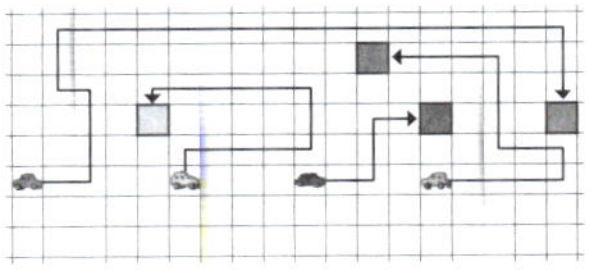

- 2 re, 3 ho, 1 li, 2 ho, 16 re, 3 ru
- 1 ho, 4 re, 2 ho, 5 li, 1 ru
- 2 re, 2 ho, 2 re
- 4 re, 1 ho, 2 li, 3 ho, 4 li

3 O

Unterschiedliche Blickwinkel

LH S. 2

① Lena, Christian, Erkan und Marie haben ihr Lieblingsspielzeug vor sich auf den Tisch gestellt.

Wie sehen die einzelnen Kinder die Spielsachen? In jeder Reihe ist nur ein Bild richtig. Mit den entsprechenden Zahlen findest du unten das Lösungswort.

a) Das sieht Christian:

b) Das sieht Marie:

c) Das sieht Erkan:

Was stimmt nicht an Emmas Auto?

Lösungswort: Es fehlt ein

4	2	6
R	A	D

8

Folgen fortsetzen

LH S. 2

① Male die Felder weiter aus. Überlege, welche Farben das Muster hat.

a) 

b) 

② Ergänze zuerst das Muster. Male dann die Felder weiter aus.

a) 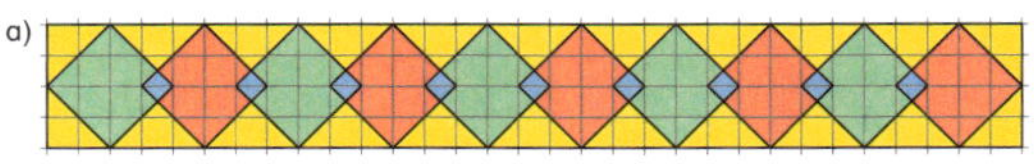

b) 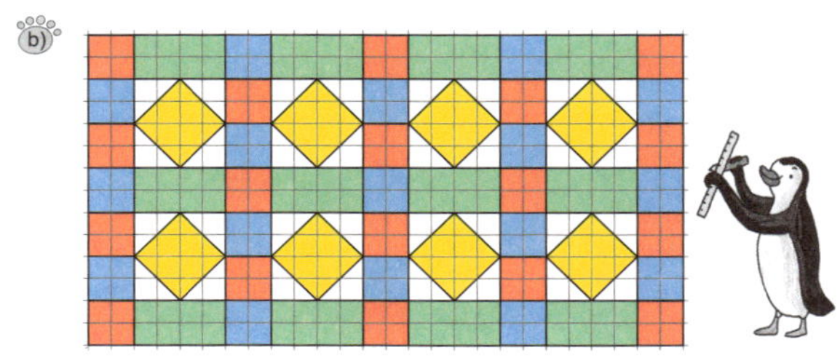

10

Flächeninhalte

LH S. 2

① Aus wie vielen kleinen Kästchen sind die Flächen zusammengesetzt?
Achtung: Es gibt auch halbe Kästchen!

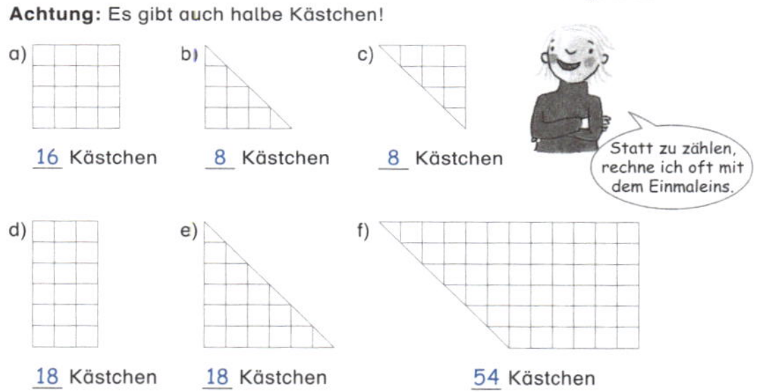

② Wie viele kleine Kästchen passen in die farbigen Flächen?

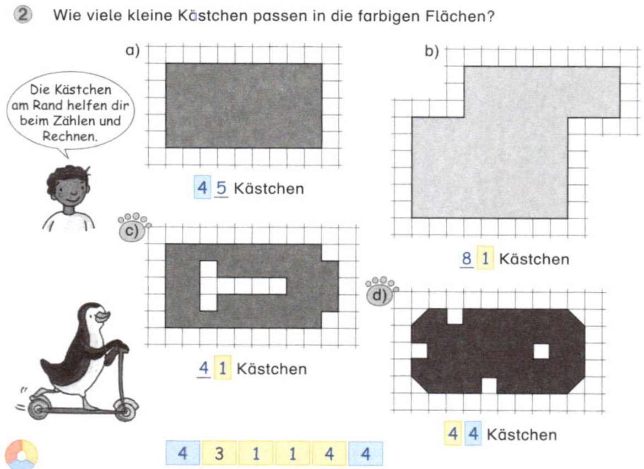

Lösungswort:

4	3	1	1	4	4
R	O	L	L	E	R

11

Flächenformen

LH S. 2

① Ordne die Verkehrsschilder der richtigen Form zu.
Trage die Buchstaben in die Tabelle ein.

□	▭	△	○
G	A	B	E
K	C	J	I
	D		L
	F		
	H		

② Hier siehst du Eckpunkte geometrischer Figuren.
Verbinde diese Punkte miteinander. Welche Formen sind es?
Trage die Buchstaben in die Tabelle ein.

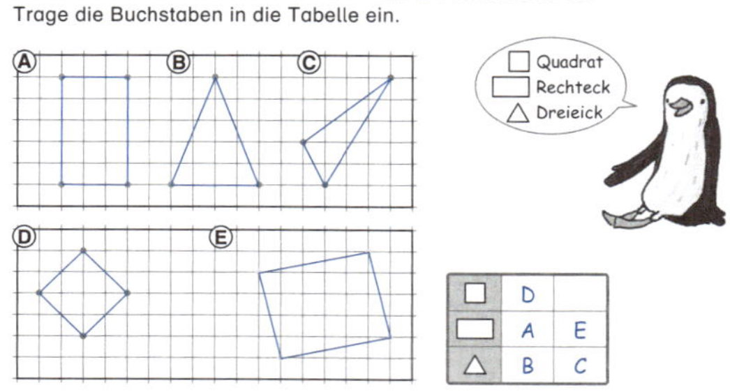

□	D	
▭	A	E
△	B	C

③ Male alle Formen richtig an, die du in diesem Bild findest.

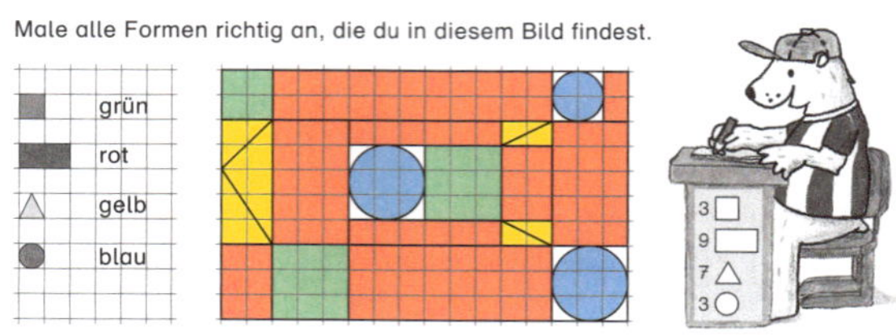

12

Körperformen

LH S. 3

① Schreibe auf, welche Form die Gegenstände haben: Kugel, Würfel, Quader.
Achtung: In jeder Reihe gibt es einen Gegenstand, dessen Form hier nicht genannt ist. Die Buchstaben bei diesen Gegenständen ergeben mit der Drehscheibe die kleinste Zahl aus 3 Ziffern.

a)

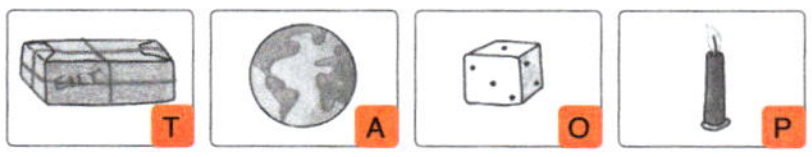

T	A	O	P
Quader	Kugel	Würfel	—

b)

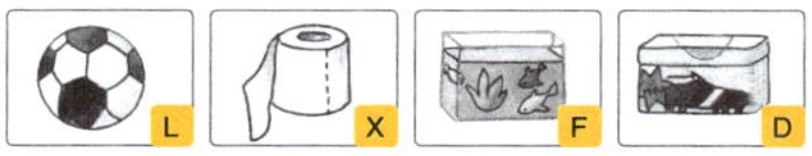

L	X	F	D
Kugel	—	Quader	Quader

c)

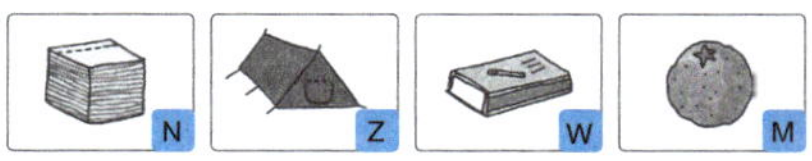

N	Z	W	M
Würfel	—	Quader	Kugel

Lösungszahl:

P	X	Z
1	0	C

② Wie viele Flächen, Kanten und Ecken hat ein Quader? Schreibe auf.

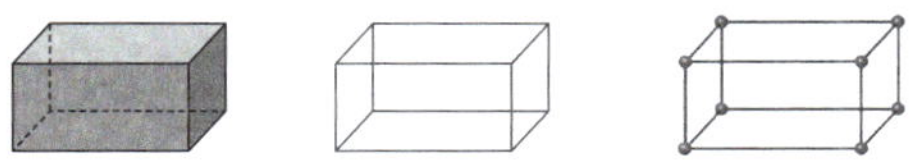

6 Flächen 12 Kanten 8 Ecken

③ Aus welchen Körpern sind die Figuren gebaut? Zähle und schreibe auf.

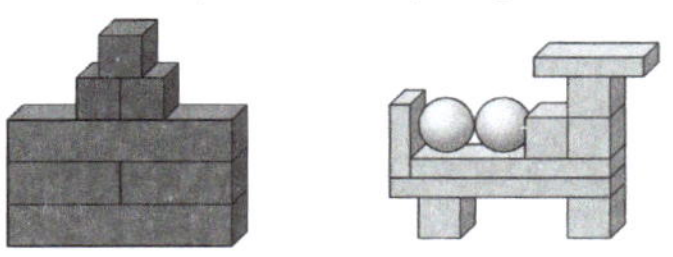

Lösungswort:

4	3	2	5	4
C	O	M	I	C

4 Quader, 3 Würfel

2 Kugeln, 5 Würfel, 4 Quader

13

3 T

Schachtelhäuser und Würfelgebäude

LH S. 3

① Häuser aus Streichholzschachteln

a) Aus wie vielen Schachteln sind die Häuser gebaut?
Tipp: Du kannst nicht immer alle Schachteln sehen.

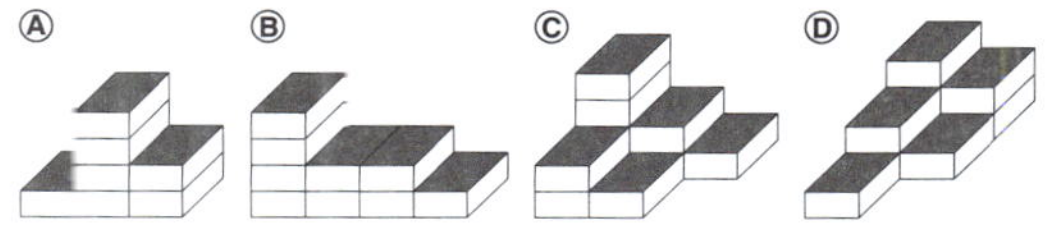

Ⓐ 7 Schachteln Ⓑ 9 Schachteln Ⓒ 10 Schachteln Ⓓ 9 Schachteln

b) Hier siehst du die Schachtelhäuser von oben.
Zu welchen Häusern von Aufgabe a) gehören sie? Ordne zu.

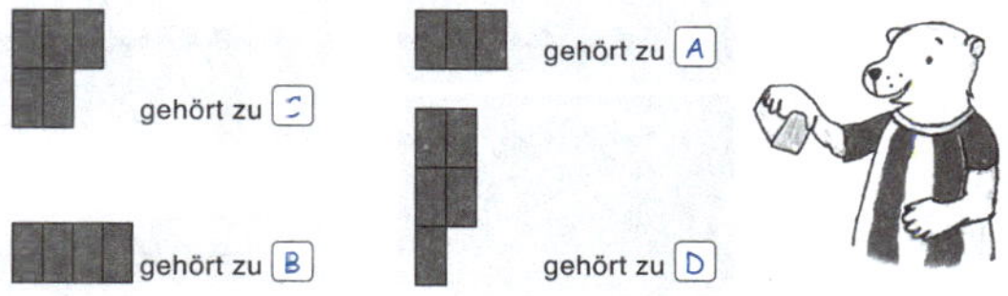

② Würfelgebäude

a) Wie viele Würfel werden gebraucht?

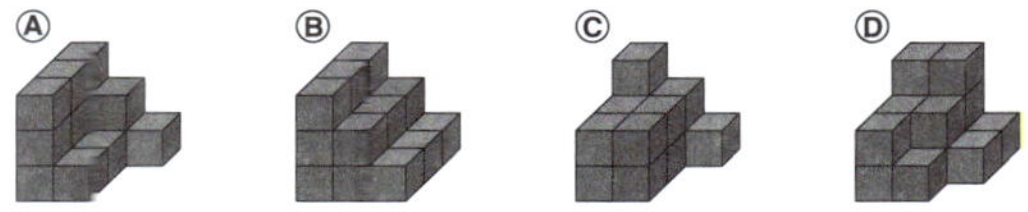

Ⓐ 14 Würfel Ⓑ 18 Würfel Ⓒ 14 Würfel Ⓓ 15 Würfel

b) Ordne die Baupläne den Würfelgebäuden zu. Kreuze an.

3	2	1
2	2	0
2	2	0

→ Ⓒ (angekreuzt)

3	3	1
2	2	1
2	1	0

→ Ⓓ (angekreuzt)

3	2	1
3	1	0
3	1	0

→ Ⓐ (angekreuzt)

3	2	1
3	2	1
3	2	1

→ Ⓑ (angekreuzt)

14

Spiegelsymmetrie

LH S. 3

① Untersuche die Abbildungen mit einem Taschenspiegel.
Kreuze an, wenn das Bild symmetrisch ist.

a)

☐ 6 ☒ 5

b)

☒ 3 ☒ 1 ☐ 9 ☒ 4 ☐ 7

Trage hier nur die Zahlen ein, die bei den symmetrischen Bildern stehen. Dann findest du das Lösungswort:

5	3	1	1	4
S	O	N	N	E

② Ergänze die Figuren symmetrisch.
Zeichne das Spiegelbild jeweils an der roten Linie.

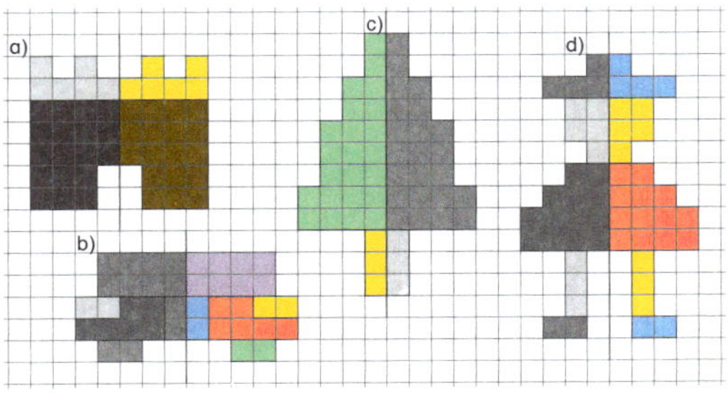

15

6 B

Nach Anleitung falten

① Bastele einen Papierbecher. Du brauchst dazu ein quadratisches Stück festes Papier, etwa 20 cm x 20 cm groß.

So wird's gemacht:

a) Falte die untere Hälfte (Dreieck) auf die obere Hälfte.

b) Falte die linke Ecke genau auf die rechte Seite, so wie im Bild gezeigt.

c) Drehe die Figur auf die Rückseite und mache es dort genauso.

d) Falte das obere Dreieck nach unten. Falte es zurück und stecke es in die „Tasche" des nach vorn gefalteten Dreiecks.

e) Wende die Figur und mache es dort ebenso.
Fertig ist dein Becher!

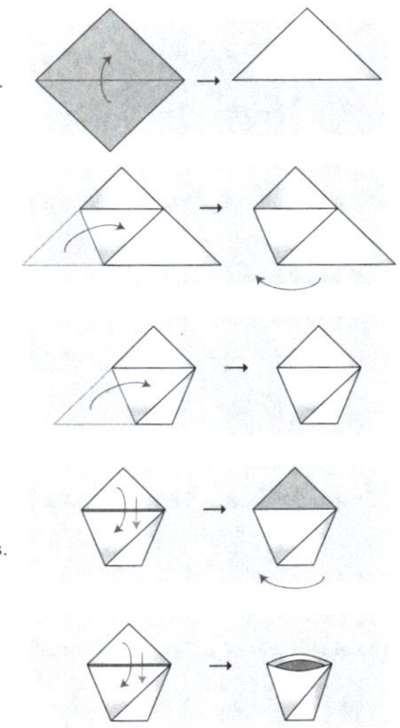

16

Puzzleteile richtig zuordnen

LH S. 4

① Suche im Puzzle unten diese Teile und male sie genauso aus.

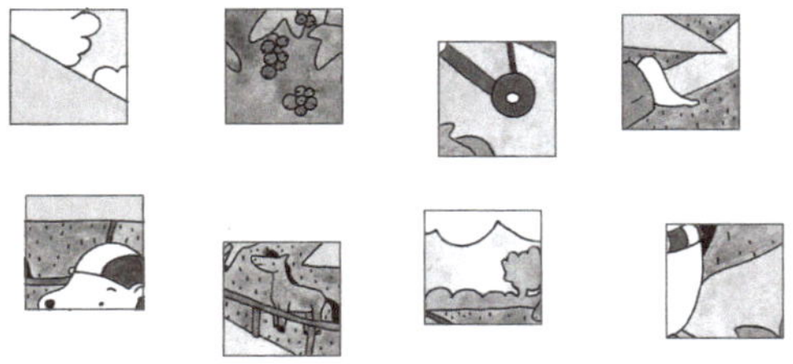

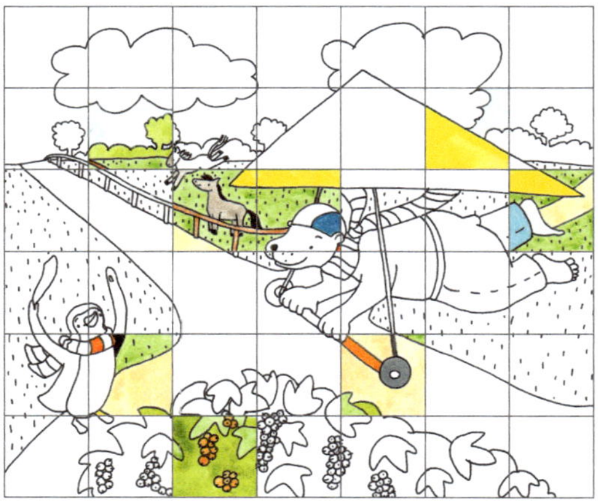

② Jetzt weißt du, welche Farben im Bild vorkommen.
Male das ganze Bild richtig aus.

18

Was passt nicht?

LH S. 4

① Welche Zahl passt nicht zu den anderen?

a) Betrachte die Regel und schreibe die gesuchte Zahl dahinter.

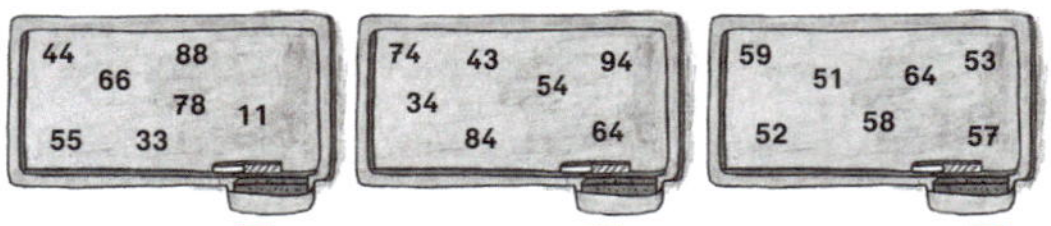

gleiche Ziffern 7 8 4 an E-Stelle 4 3 zwischen 50 u. 60 6 4

b) Finde nun selbst die Regel und schreibe die gesuchte Zahl dahinter.

gerade Zahl 2 5 3er-Reihe 1 6 10er-Reihe 1 4

Womit hat Paul die Zahlen an die Tafel geschrieben?

7	4	6	5	6	4
K	R	E	I	D	E

Lösungswort: KREIDE

② Welche zwei Bilder sind genau gleich?
Finde die richtigen Paare.

Paare: 1 und 5, 2 und 10, 3 und 8, 4 und 7, 6 und 9

19

7 K

Fehlerbild

LH S. 4

① Im unteren Bild wurden einige Stellen verändert.
Kreise sie ein und zähle die Unterschiede.

Suche mit der Drehscheibe die Zahl, die zu den Buchstaben passt.
So viele Unterschiede sind im unteren Bild versteckt:

L	N
1	1

20

Zauberquadrate und Sudoku

LH S. 4

① Bestimme die Zauberzahlen und ergänze die Zauberquadrate.

2	7	6
9	5	1
4	3	8

15 15 15 15 / →15 →15 →15
Zauberzahl: 15

a)

7	12	11
14	10	6
9	8	13

Zauberzahl: 30

b)

9	14	13
16	12	8
11	10	15

Zauberzahl: 36

c)

11	16	15
18	14	10
13	12	17

Zauberzahl: 42

d)

14	19	18
21	17	13
16	15	20

Zauberzahl: 51

② Trage die fehlenden Symbole und Zahlen in das Sudoku ein.

Regel: In jeder Zeile, jeder Spalte und jedem 6er-Feld dürfen die unterschiedlichen Zeichen oder Zahlen nur einmal vorkommen.
Setze die fehlenden Zeichen oder Zahlen ein.
Tipp: Beginne mit den Zeilen, Spalten oder 6er-Feldern, in denen nur ein Zeichen fehlt.

a) ☆, ☾, ♥, ●, ▲, ■

☆	■	☾	♥	▲	●
▲	♥	●	☾	■	☆
☾	▲	☆	■	●	♥
■	●	♥	▲	☆	☾
●	☾	▲	☆	♥	■
♥	☆	■	●	☾	▲

b) 1, 2, 3, 4, 5, 6

6	3	2	5	1	4
5	1	4	6	2	3
3	2	6	1	4	5
4	5	1	2	3	6
2	6	3	4	5	1
1	4	5	3	6	2

5	3	5	2	3
S	T	I	F	T

Um das Sudoku auszufüllen, brauchst du einen STIFT.

21

4 R

Genau lesen und zuordnen
LH S. 5

① Lies genau die Angaben. Male dann das Bild weiter aus. Findest du auch die Namen der Kinder heraus? Schreibe sie in das richtige Feld.

- Maries T-Shirt ist rot.
- Ein Junge trägt einen gelben Ball.
- Jan hat orangefarbene Schuhe und einen grünen Ball.
- Der Junge mit den grünen Schuhen steht rechts von Marie (von vorn gesehen).
- Stefan hat ein grünes T-Shirt.
- Das Kind mit den gelben Schuhen trägt eine blaue Hose.
- Ein T-Shirt ist blau.

22

Knobeln mit der Drehscheibe
LH S. 5

① Hier wurden die Wörter mit der Drehscheibe in Geheimsprache verwandelt. Verbinde sie mit der richtigen Zahl.

I G E L	E S E L	A F F E	G A N S
4 5 6 1	5 7 4 1	7 2 1 5	5 2 2 8

② Welche Tiere sind hier in Geheimsprache versteckt?

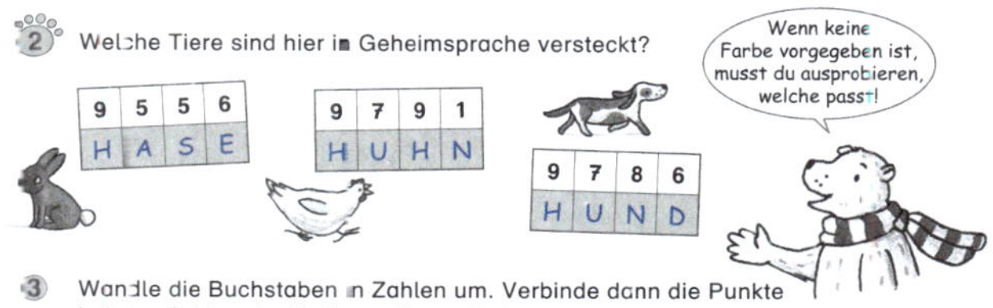

③ Wandle die Buchstaben in Zahlen um. Verbinde dann die Punkte bei den Zahlen der Reihe nach von klein nach groß.

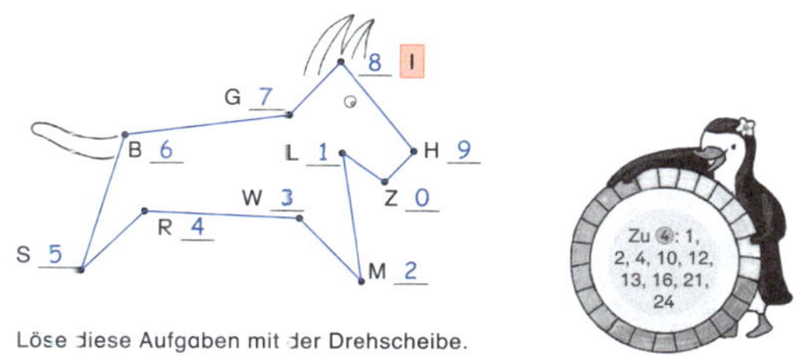

④ Löse diese Aufgaben mit der Drehscheibe.

a)
E 8	+	I 5	=	13
J 9	+	T 3	=	12
C 4	+	D 6	=	10

b)
U 7	−	D 6	=	1
I 8	−	C 4	=	4
G 7	−	S 5	=	2

c)
F 2	·	N 8	=	16
T 3	·	K 7	=	21
B 6	·	R 4	=	24

23

Suchbild
LH S. 5

① Zu Pauls Geburtstagsfeier kommen viele Gäste und bringen Geschenke mit.

a) Finde das Kind mit braunen Schuhen, aber ohne Kuchen, mit Luftballon, aber ohne Blume, mit braunen Haaren, aber ohne Luftschlange.

b) Suche das Geschenk in Quaderform, aber nicht in Würfelform, mit Schleife, aber ohne gelbes Papier, mit blauem Papier, aber ohne Brief.

Das gesuchte Kind heißt Lars. Das Geschenk hat die Nummer 5.

24

Zeitangaben
LH S. 5

① In der Schule findet ein großes Klassenfest statt. Wer ist wann gekommen? Lies genau, was die Kinder sagen, und überlege. Trage die Namen neben der Ankunftszeit in die Tabelle ein.

Großes Klassenfest
am 10. Juni
Beginn: 16.00 Uhr

Ankunftszeit	Name(n)
15.50 Uhr	Erkan
16.00 Uhr	Lukas
16.10 Uhr	Fatima
16.30 Uhr	Hannah, Lina
16.45 Uhr	Christian

2 Kinder kamen gleichzeitig. Es sind Hannah und Lina.

26

Knobeln mit der Uhrzeit

① Überlege, wie oft der große Zeiger den kleinen Zeiger ein- oder überholt.

a) von [Uhr] bis 13.00 Uhr? 1 mal

b) von [Uhr] bis 12.00 Uhr? 2 mal

c) von [Uhr] bis 4.30 Uhr? 3 mal

d) von 12.00 Uhr bis 24.00 Uhr? 12 mal

② Diese Uhren sind alle spiegelverkehrt abgebildet.
Nimm einen Spiegel und lies damit die richtigen Uhrzeiten ab.

a) 11 Uhr oder 23 Uhr

b) 15.30 Uhr oder 3.30 Uhr

c) 10:80 — 8.01 Uhr

d) 52:20 — 5.52 Uhr

③ Luka geht immer um 7.30 Uhr aus dem Haus und ist um 8.10 Uhr in der Schule. Anna geht in die gleiche Klasse wie Luka, hat aber einen um 20 Minuten kürzeren Schulweg. Sie kommt 5 Minuten später in der Schule an als Luka. Wann geht Anna von zu Hause los?
Die Skizze hilft dir bei der Lösung:

Luka: Haus 7.30 Uhr — Schulweg 40 min — Schule 8.10 Uhr

Anna: Haus 7.55 Uhr — Schulweg 20 min — Schule 8.15 Uhr

Anna geht um 7.55 Uhr von zu Hause los.

Zu ① bis ③: 1, 2, 3, 3.30, 5.52, 7.55, 8.01, 8.15, 11, 12, 15.30, 20, 23, 40

2 A

Denksport

① Lukas hat Spielzeugautos gesammelt. Seine Schwester soll raten, wie viele es sind: „Hätte ich doppelt so viele, so hätte ich 8 Autos mehr als ich jetzt habe."

Lukas hat 8 Autos.

Ich probiere immer mit kleinen Zahlen, bis alles stimmt.

② Die Kinder vergleichen ihr wöchentliches Taschengeld:
Anna hat doppelt so viel wie Clara. Bernd hat 3 € mehr als Anna. Clara bekommt jede Woche 2 €.
Wie viel Taschengeld bekommen Anna und Bernd?

Anna bekommt 4 €, Bernd 7 € Taschengeld.

③ Hanna will ihre Freundinnen ins Schwimmbad einladen. Ihr Geld reicht für 3 Eintrittskarten, sie hat dann noch 2 € übrig. Sie braucht aber 4 Karten. Da fehlen ihr noch 2 €. Wie viel kostet 1 Eintrittskarte?

Eine Eintrittskarte kostet 4 €.

④ Lukas ist 2 Jahre jünger als seine Schwester. Wenn du das Alter von beiden malnimmst, kommt genau das Alter des Vaters heraus. Der ist 48 Jahre. Wie alt sind Lukas und seine Schwester?

Lukas ist 6 Jahre, seine Schwester 8 Jahre alt.

⑤ Wie viele Dreiecke siehst du in dieser Figur?

Ich sehe 8 Dreiecke.

Tipp: = 3 Dreiecke

⑥ In dieser Figur sind genauso viele Dreiecke wie Quadrate.

Von den Dreiecken und Quadraten gibt es je 5 Stück.

Trage hier alle Lösungszahlen auf dieser Seite ein.

8	4	7	4	6	8	8	5
E	R	G	E	B	N	I	S

Lösungswort: ERGEBNIS

Schaubilder

① Paul hat auf dem Schulhof Kinder nach ihrem Lieblingsessen befragt.
Hier siehst du das Ergebnis:

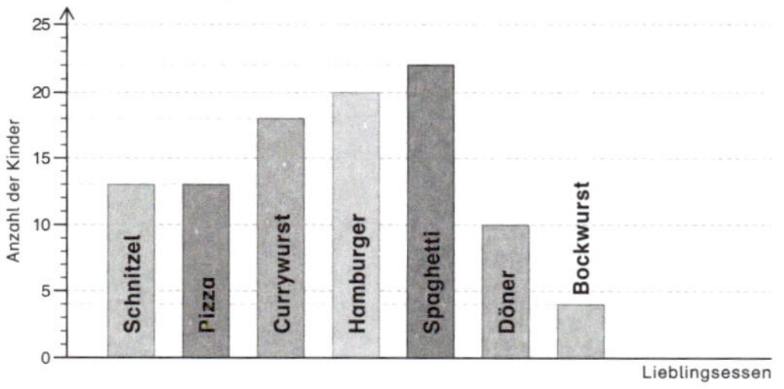

a) Zu welchen Fragen findest du im Säulenbild eine Antwort?
Schreibe nur diese Antworten auf.

1 Welches Essen ist am beliebtesten?
2 Was kostet eine Currywurst?
3 Welche Gerichte sind gleich beliebt?
4 Welches Essen ist am wenigsten beliebt?
5 Wie viele Nudeln sind in jeder Portion enthalten?
6 Wie groß ist der Unterschied zwischen dem beliebtesten und dem am wenigsten beliebten Essen?

4 Antworten (Schreibe auch die Nummer der Frage dazu):

1 Spaghetti
3 Schnitzel, Pizza
4 Bockwurst
6 22 - 4 = 18

b) Wie viele Kinder haben Paul insgesamt geantwortet?

Rechnung: 13 + 13 + 18 + 20 + 22 + 10 + 4 = 100

Paul haben 100 Kinder geantwortet.

5 S

Rechnen mit Rätseltruhen

① Schreibe unter jede Rätseltruhe die passende Aufgabe und rechne dann.

a) 28 Münzen werden herausgenommen. 55 Münzen bleiben noch drin. Wie viele Münzen waren vorher in der Truhe?
8 3 − 28 = 55

b) In dieser Truhe sind 66 Münzen. Es werden noch 28 dazugelegt.
66 + 28 = 9 4

c) Diese Truhe war leer. Nun kommen 7 · 9 Münzen hinein.
7 · 9 = 6 3

d) Wie viel mal 6 Münzen wurden in diese Truhe gelegt, wenn jetzt 42 Münzen drin sind?
7 · 6 = 4 2

e) Die 32 Münzen in dieser Truhe sollen an 8 Piraten verteilt werden.
3 2 : 8 = 4

f) In dieser Truhe waren 100 Münzen, nun ist nur noch der zehnte Teil drin.
100 : 1 0 = 10

3	4	3	2	2	4	1
T	R	O	M	M	E	L

Lösungswort: TROMMEL

② Schreibe unter jede Rätseltruhe die richtigen Zahlen.

Welche Zahlen sind größer als 79 und kleiner als 85?
80, 81, 82, 83, 84

Welche Zahlen aus der 8er-Reihe sind größer als 60 und kleiner als 80?
64, 72

Welche Zahlen aus der 9er-Reihe sind größer als 35 und kleiner als 70?
36, 45, 54, 63

Insgesamt 11 Zahlen

Drehscheiben-Domino

(zum Herausnehmen die mittlere Klammer lösen)

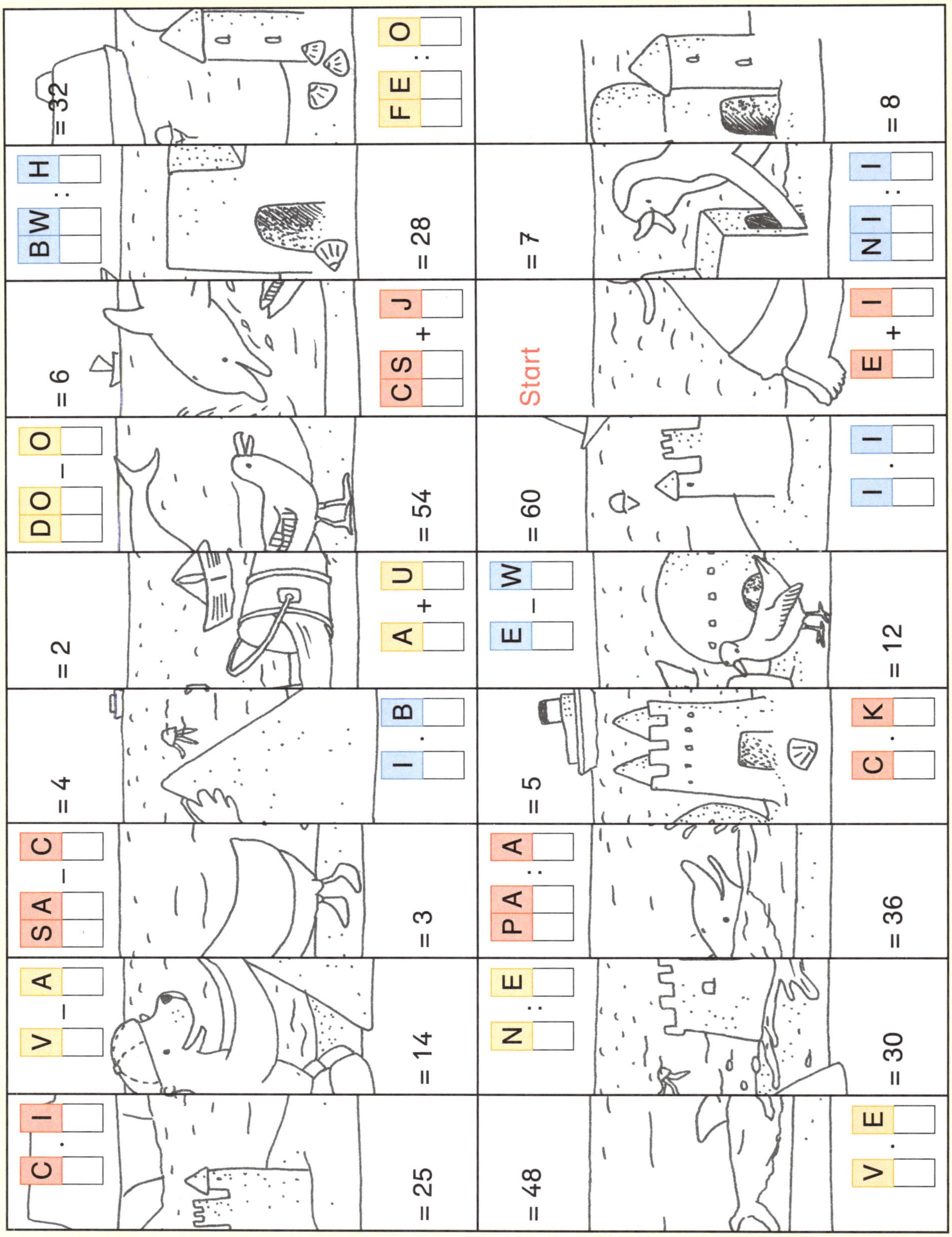

So geht's:

- Schneide alle 18 Dominostreifen aus.
- Beginne mit der Aufgabe auf dem Startstreifen. Suche mit der Drehscheibe die richtige Zahl zum Buchstaben und schreibe sie auf. Rechne die Aufgabe.
- Suche den Dominostreifen mit dem richtigen Ergebnis und lege ihn an. Auf diesem steht die nächste Aufgabe.
- Wenn du alles richtig gerechnet hast, gibt es eine Menge zu entdecken.

2 EURO
1 EURO
100 EURO
50 EURO
20 EURO
10 EURO
5 EURO
50 EURO CENT
20 EURO CENT
10 EURO CENT
5 EURO CENT
2 EURO CENT
1 EURO CENT

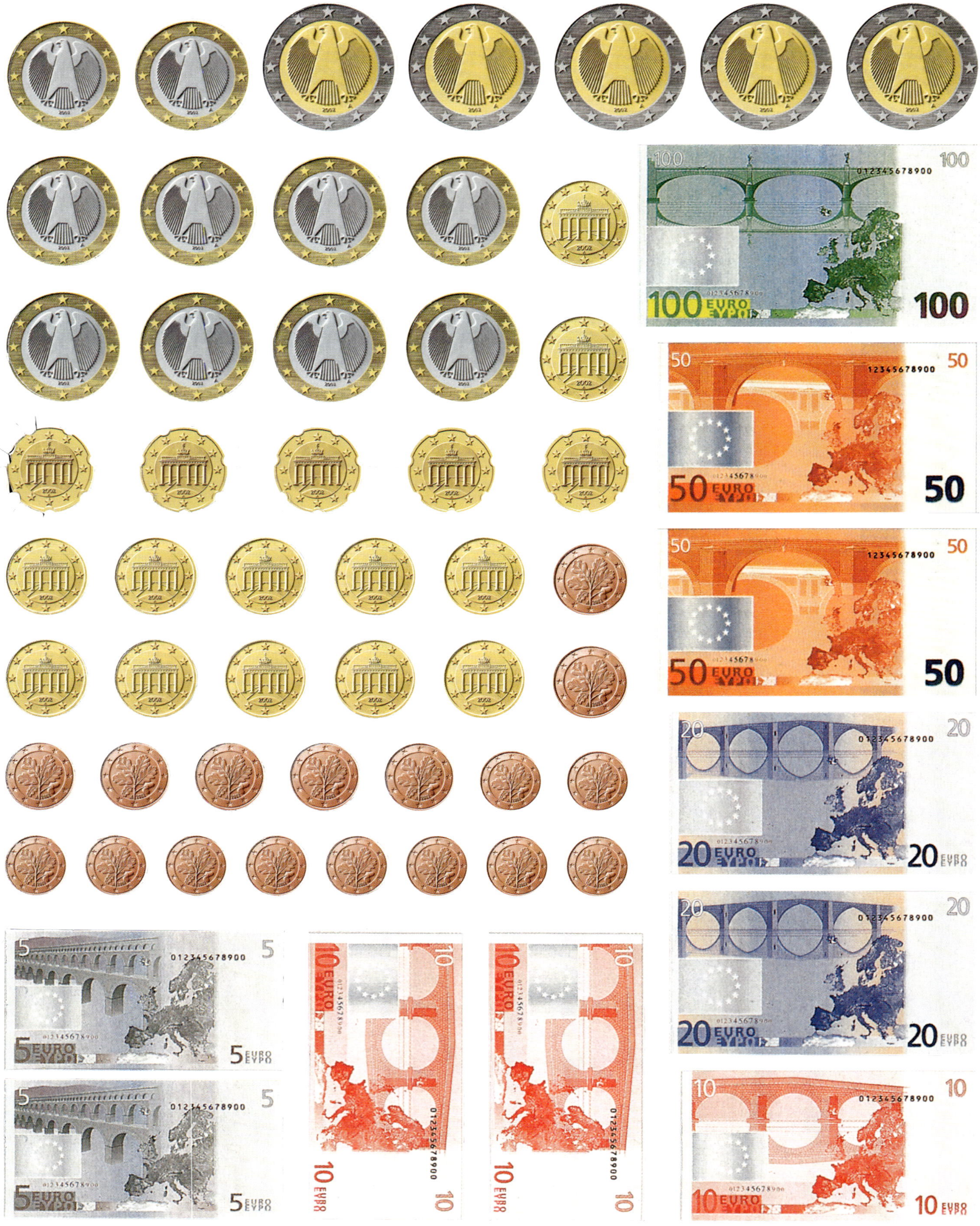

100 EURO
012345678900
50 EURO
12345678900
20 EURO
10 EURO
5 EURO
2002

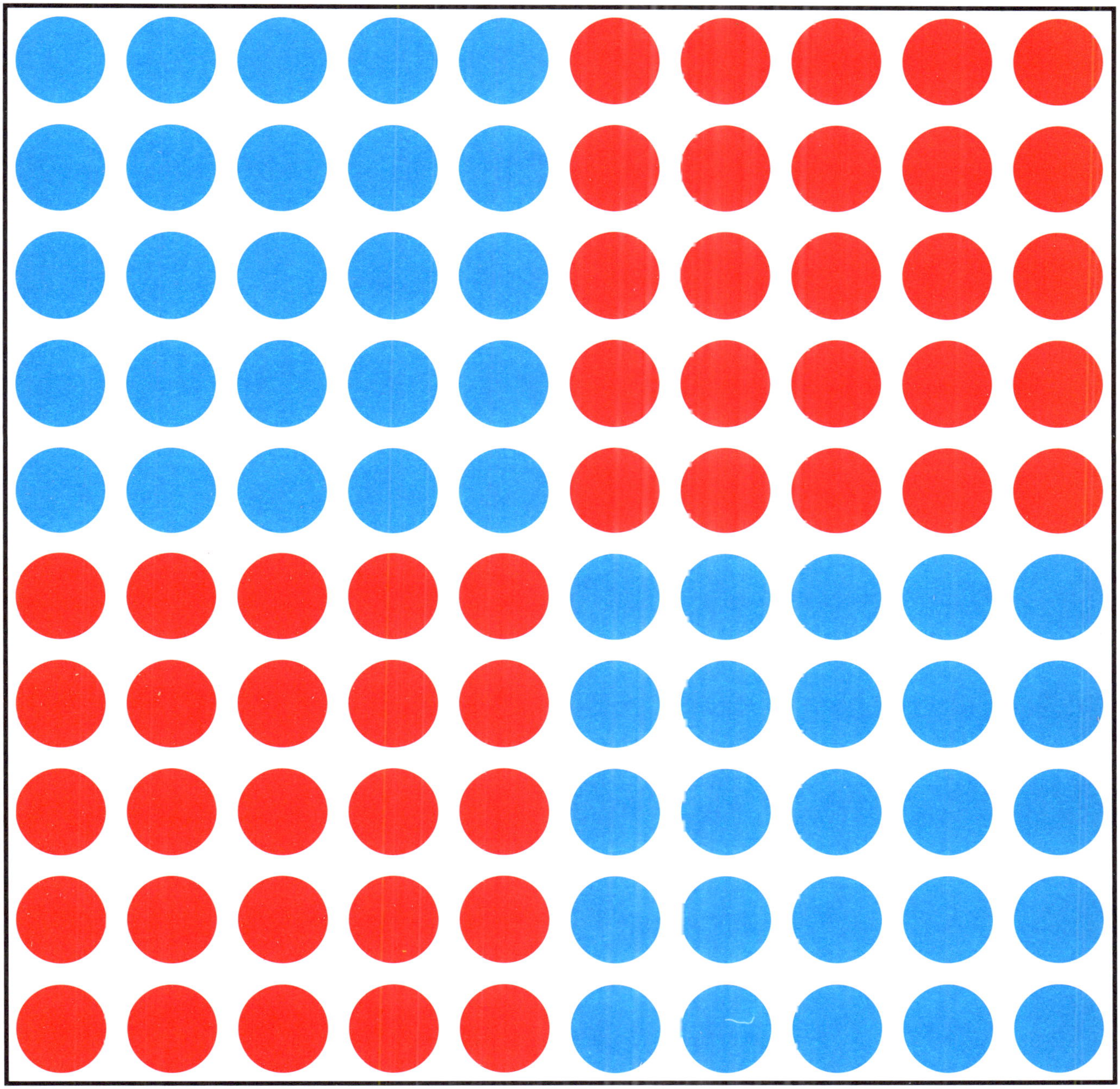

1	2	3	4	5	6	7	8	9	10
11	12	13	14	15	16	17	18	19	20
21	22	23	24	25	26	27	28	29	30
31	32	33	34	35	36	37	38	39	40
41	42	43	44	45	46	47	48	49	50
51	52	53	54	55	56	57	58	59	60
61	62	63	64	65	66	67	68	69	70
71	72	73	74	75	76	77	78	79	80
81	82	83	84	85	86	87	88	89	90
91	92	93	94	95	96	97	98	99	100

Tangram

Schneide
die Teile aus:

Lege die ausgeschnittenen Teile auf die Felder:

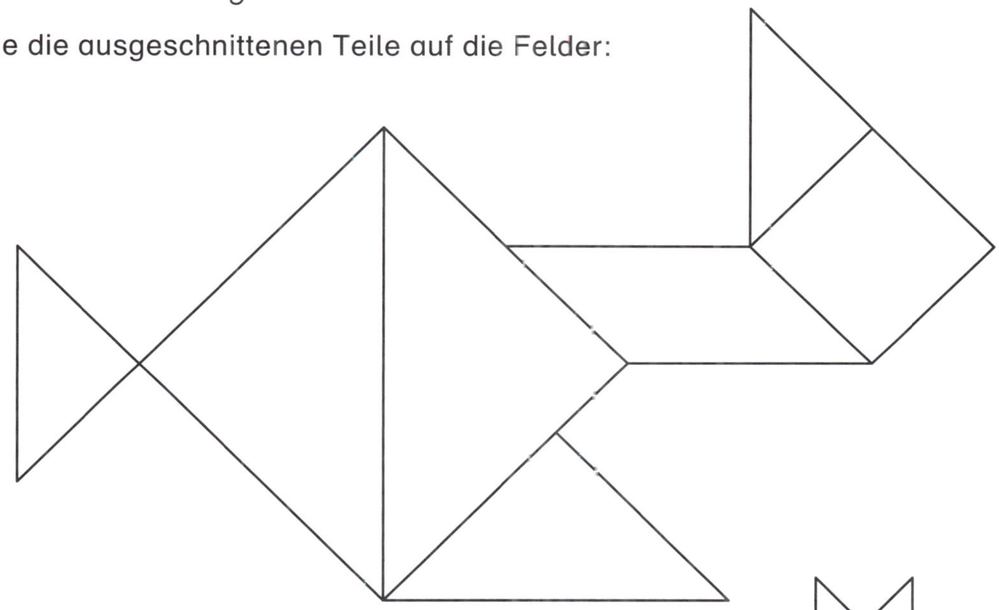

Lege die Figuren nach:

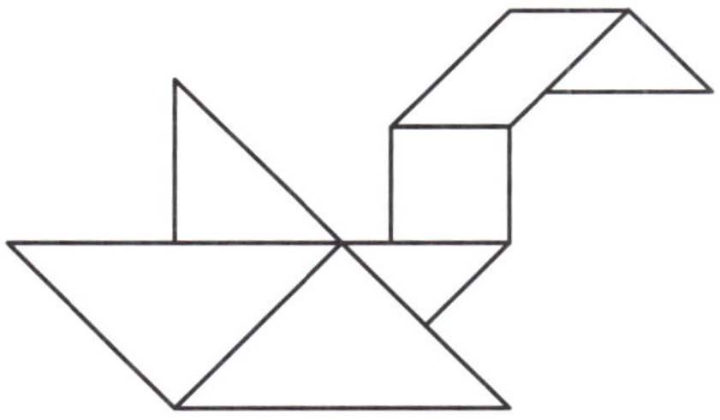

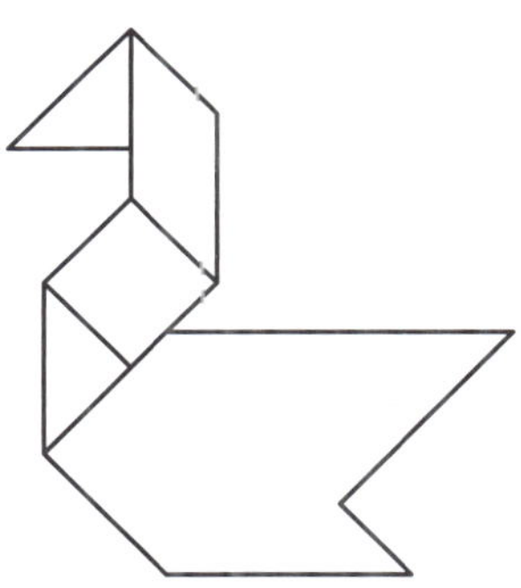

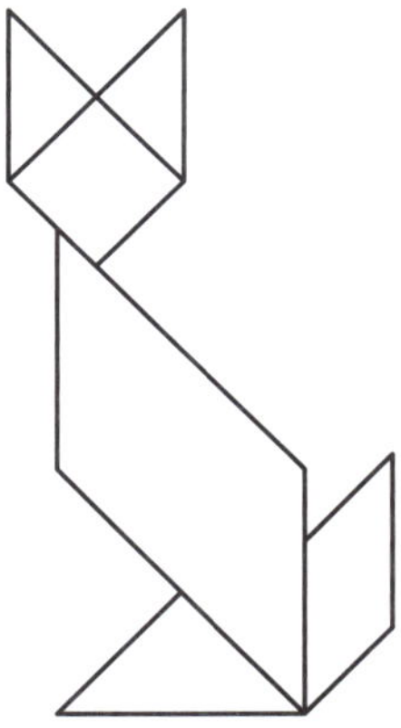

So geht's:

- Schneide die 7 Tangramteile aus.
- Lege mit den Teilen die abgebildeten Figuren nach. Benutze jeweils alle Teile.
- Lege auch eigene Figuren.

Rechengeschichten

LH S. 11

1. Hanna feiert ihren Geburtstag. Ihre ganze Klasse ist eingeladen.
Rechne zunächst die Aufgaben in der Mitte aus.
Lies dann die Fragen und beantworte sie mithilfe dieser Rechnungen.

a) Auf Hannas Geburtstag sind 31 Kinder und 16 Erwachsene. Wie viele Gäste hat Hanna?
Hanna hat 4 7 Gäste.

d) Es werden 4 Kästen Wasser getrunken. In jedem Kasten sind 8 Flaschen. Wie viele Flaschen Wasser werden insgesamt getrunken?
Es werden 32 Flaschen getrunken.

b) Hanna hat den Raum für die Geburtstagsfeier mit 31 gelben und 16 roten Luftballons geschmückt. Wie viele Luftballons sind im Raum?
Es sind 4 7 Luftballons im Raum.

31 + 16 = 47
47 − 16 = 31
4 · 8 = 32
32 : 8 = 4

e) Zum Schluss werden 32 Kugeln Eis an die letzten 8 Gäste gerecht verteilt. Wie viele Kugeln bekommt jeder?
Jeder bekommt 4 Kugeln.

c) Auf Hannas Geburtstagsfeier werden die 32 Kinder gleichmäßig auf 8 Bänke verteilt. Wie viele Kinder sitzen auf jeder Bank?
Auf jeder Bank sitzen 4 Kinder.

f) Hanna hat zum Nachtisch 47 Schokoküsse besorgt. 16 Stück werden gegessen. Wie viele Schokoküsse bleiben übrig?
Es bleiben 3 1 Schokoküsse übrig.

	7	4	4	0	4	1
Lösungswort:	K	E	R	Z	E	N

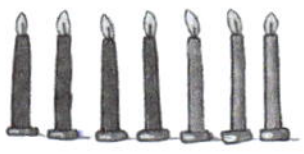

8 N

Anweisungen genau lesen

LH S. 11

Dein Name

1. Lies zuerst alle Punkte sorgfältig durch, bevor du auf dieser Seite etwas tust.

2. Schreibe deinen Namen auf die Linie in der linken oberen Ecke dieses Blattes.
3. Male einen Kringel um das Wort „Namen" im Satz 2.
4. Zeichne 3 ☐ in die linke untere Ecke des Blattes.

Mein Tipp: Lies alles ganz genau durch!

5. Zeichne ein x in das mittlere der 3 Vierecke.

6. Unterstreiche die Überschrift.
7. Rechne aus: 62 − 34 = __
8. Notiere hier den Namen deiner Mathe-Lehrerin/deines Mathe-Lehrers.
9. Lege dein Mathebuch unter dieses Blatt.
10. Rechne aus: 8 · 7 = __
11. Male einen Kringel um deinen Namen oben links.
12. Nun ergänze das Ergebnis von Punkt 10 zu 100: __ + __ = 100
13. Rechne aus: 35 : 5 = __
14. Notiere hinter diesem Satz eure Telefonnummer: __________
15. Nachdem du nun alles aufmerksam gelesen hast, tue bitte nur das, was in Satz 2 verlangt wird.

Rechendreiecke und Zahlenmauern

LH S. 11

1. Setze die fehlenden Zahlen ein. Schreibe mit Bleistift.

a) Plus-Aufgaben

So rechnest du:
37 + 8 = 45
37 + 4 = 41
8 + 4 = 12

außen links	oben	innen links	innen rechts	außen rechts	unten
45	8	37	4	12	41
3 9	14	25	43	57	68
6 4	26	38	47	73	85

b) Vergleiche die Zahlen in den oberen drei Dreiecken und setze fort.

außen links	oben	innen links	innen rechts	außen rechts	unten
8	3	5	7	10	12
16	6	10	14	20	24
3 2	12	20	28	40	48
64	24	40	56	80	96

c) Hier musst du malnehmen.

außen links	oben	innen links	innen rechts	außen rechts	unten
12	3	4	5	1 5	20
30	5	6	7	35	4 2
40	8	5	4	3 2	20
6 3	9	7	3	27	21

	3	4	3	2	1	4	3	6
Lösungswort:	T	R	O	M	P	E	T	E

2. Rechne die Zahlenmauern mit (+) und (−) aus.

64
33 | 31
16 | 17 | 14
7 | 9 | 8 | 6

100 | 50 | 25 | 12
50 | 25 | 13
25 | 12
13

54
36 | 18
24 | 12 | 6
16 | 8 | 4 | 2

4 E

Versteckte Zahlen

LH S. 11

1. Hinter jeder Frucht versteckt sich eine Zahl. Gleiche Bilder bedeuten gleiche Zahlen. Finde die Zahlen heraus. Schreibe mit Bleistift.

a) 🍎 + 🍎 = 10
5 + 5 = 10
18 − 🍒 = 🍒
18 − 9 = 9
🍒 − 🍌 = 🍎
9 − 4 = 5

b) 🍌 + 🍒 = 🍑
4 + 9 = 13
🍑 + 🍎 = 🍓
13 + 5 = 18
🍑 − 🍌 − 🍒 = 0
13 − 4 − 9 = 0

🍎: 5
🍒: 9
🍌: 4
🍑: 13
🍓: 18

2. Diesmal steht jeder farbige Luftballon für eine Zahl oder Ziffer.

a) 🔵 · 🔵 = 25
5 · 5 = 25
🔵 : 🔵 = 🟡
5 : 5 = 1
🟢🔵 : 🔵 = 🔵
2 5 : 5 = 5

b) 🟢 · 🔴 = 16
2 · 8 = 16
20 : 🟣 = 🔵
20 : 4 = 5
🟢🟣 : ⚪ = 🟣
2 4 : 6 = 4

🔵: 5
🟡: 1
🟢: 2
🔴: 8
🟣: 4
⚪: 6

	5	2	8	6
Lösungswort:	S	A	N	D

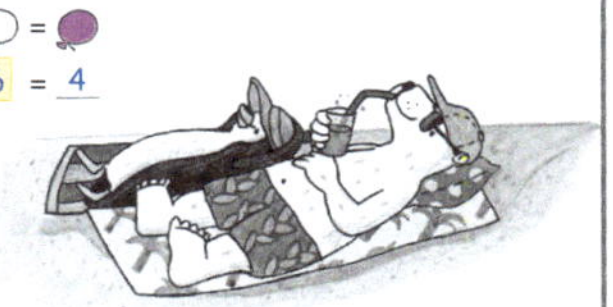

3. Setze für die Figuren die Zahlen 2, 3 oder 5 ein, sodass richtige Aufgaben entstehen. Probiere zunächst mit einem Bleistift.

● + ■ = ▲ → 3 + 2 = 5
▲ + ■ = ● + ● + 1 → 5 + 2 = 3 + 3 + 1
▲ + ● = ■ + ■ + ■ + ■ → 5 + 3 = 2 + 2 + 2 + 2

●: 3
■: 2
▲: 5

Rechenmaschinen

LH S. 12

① Emma und Paul haben eine Rechenmaschine erfunden. Sie rechnet mit verschiedenen Programmen (P): Eingabe ⟩(P)⟨ Ausgabe.
Löse genauso.

a) ✱-Programm: Die beiden Ziffern einer Zahl werden addiert.

35 ⟩3 ✱ 5⟨ 8 36 ⟩✱⟨ 9 15 ⟩✱⟨ 6 43 ⟩✱⟨ 7 46 ⟩✱⟨ 10

b) ⊛-Programm: Jetzt werden die beiden Ziffern multipliziert.

35 ⟩3 ⊛ 5⟨ 15 36 ⟩⊛⟨ 18 15 ⟩⊛⟨ 5 43 ⟩⊛⟨ 12 46 ⟩⊛⟨ 24

c) ✱■-Programm: Diesmal rechnet die Maschine zwei Schritte hintereinander. Zuerst die Ziffern addieren, dann das Ergebnis mit sich selbst malnehmen (Quadratzahl).

35 ⟩3 ✱ 5 = 8 8 ■ 8 = 64⟨ 64 36 ⟩3 ✱ 6 = 9 9 ■ 9 = 81⟨ 81

15 ⟩✱ ■⟨ 36 43 ⟩✱ ■⟨ 49 46 ⟩✱ ■⟨ 100

Wo kannst du deine Aufgaben hineinschreiben? Lösungswort:

9	6	2	3
H	E	F	T

② ■■✱-Programme bilden zu beiden Ziffern die Quadratzahl. Danach werden die beiden Ergebnisse addiert. Rechne genauso.

36 ⟩3 ■ 3 = 9 6 ■ 6 = 36 9 ✱ 36 = 45⟨ 45

66 ⟩6 ■ 6 = 36 6 ■ 6 = 36 36 ✱ 36 = 72⟨ 72

18 ⟩1 ■ 1 = 1 8 ■ 8 = 64 1 ✱ 64 = 65⟨ 65

12 ⟩■ ■ ✱⟨ 5 24 ⟩■ ■ ✱⟨ 20 32 ⟩■ ■ ✱⟨ 13

5, 13, 20, 65, 72

1 L

Rechenzeichen einsetzen

LH S. 12

① Setzte richtig ein: (+), (−)

In jedem Päckchen von Aufgabe ① und ② sind gleich viele Zeichen von jeder Sorte.

a) 35 (+) 6 (−) 8 = 33
75 (−) 8 (−) 6 = 61
24 (+) 7 (+) 3 = 34

b) 85 = 72 (−) 2 (+) 15
63 = 33 (+) 14 (+) 16
25 = 45 (−) 9 (−) 11

② Setzte richtig ein: (+), (−), (·), (:)

a) 30 (:) 5 = 6
5 (·) 6 = 30
30 (−) 5 = 25
25 (+) 5 = 30

b) 3 (·) 8 = 24
18 (+) 6 = 24
18 (:) 6 = 3
24 (−) 18 = 6

c) 4 (·) 9 (−) 5 = 31
3 (·) 8 (+) 4 = 28
48 (:) 8 (+) 2 = 8
72 (:) 9 (−) 3 = 5

③ Links und rechts das Gleiche! Rechne beide Seiten aus.

a) nur (+) und (−)

32 (+) 27 = 69 (−) 10
59 = 59

88 (−) 46 = 21 (+) 21
42 = 42

52 (−) 16 = 25 (+) 11
36 = 36

b) (+), (−), (·), (:)

7 (·) 5 = 29 (+) 6
35 = 35

48 (:) 6 = 24 (−) 16
8 = 8

64 (:) 8 = 2 (·) 4
8 = 8

④ Rechne quer und von oben nach unten.

26	+	6	−	3	=	29
−		·		·		
7	+	9	−	7	=	9
−		+		+		
2	·	5	+	4	=	14
=		=		=		
17		59		25		

Im Rechenquadrat sind 6 Aufgaben versteckt.

Zahlenspielereien

LH S. 12

① Setze die drei passenden Zahlen ein. Eine Zahl bleibt immer übrig.

a) Plus-Aufgaben

26 3 7 4
26 + 3 + 7 = 36

4 17 6 8
4 + 17 + 6 = 27

16 14 12 44
16 + 14 + 44 = 74

b) Minus-Aufgaben

38 5 6 5
38 − 5 − 5 = 28

21 15 61 10
61 − 21 − 10 = 30

13 95 18 12
95 − 18 − 12 = 65

Zahlen, die übrig bleiben: 4, 6, 8, 12, 13, 15

Andere Reihenfolgen sind auch möglich.

② Das 18er-Würfelspiel.

Paul und Emma spielen das 18er-Würfelspiel. So funktioniert es: Sie werfen mit 4 Würfeln gleichzeitig. Dann versuchen sie, aus den Augenzahlen eine Kettenaufgabe zu bilden. Das Ergebnis soll möglichst nahe bei der Zahl 18 liegen. Die Reihenfolge der Rechenzeichen (+), (−), (·), (:) ist beliebig.

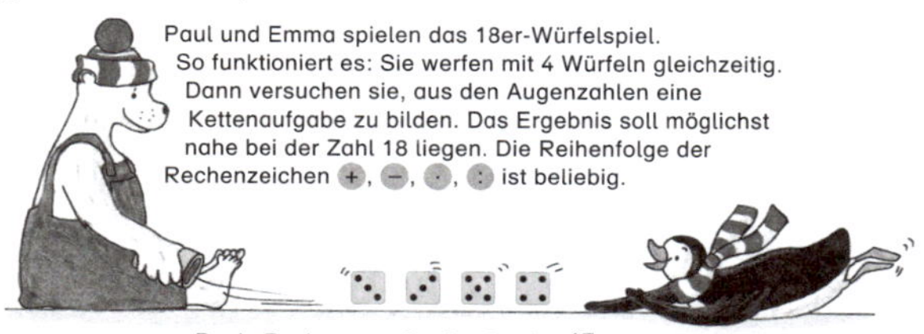

Pauls Rechnung: 3 + 3 + 5 + 4 = 15

Emmas Rechnung: 3 · 3 + 5 + 4 = 18

a) 4 (·) 6 (−) 5 (−) 1 = 18

b) 3 (·) 5 (+) 6 (−) 3 = 18

c) 2 (·) 3 (·) 4 (−) 6 = 18

d) 1 (·) 6 (+) 6 (+) 6 = 18

e) Spiele selbst mit 4 Würfeln das Spiel.

5 S

Den Weg finden

LH S. 12

① Emma bereitet ihre Geburtstagsfeier vor. Paul möchte ihr helfen und liefert die Getränkekästen zu ihr nach Hause. Suche den richtigen Weg zum Parkplatz und zeichne ihn ein. Probiere zunächst mit Bleistift.

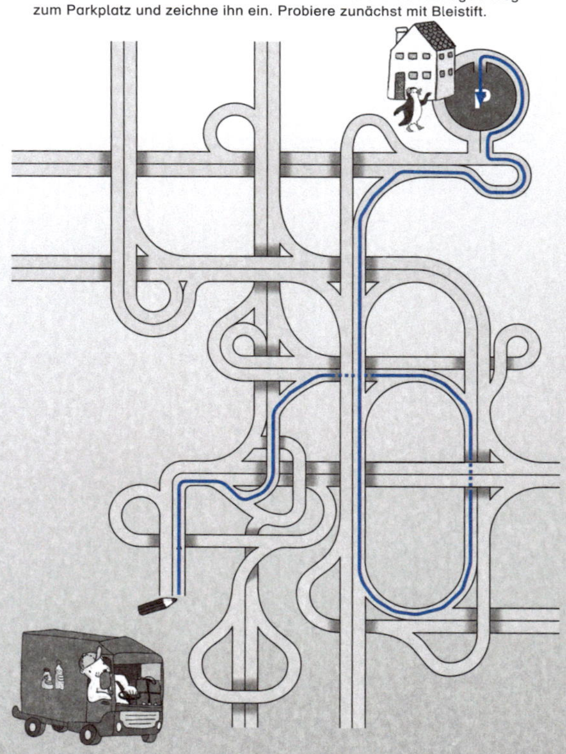

Urkunde: Weiter so, Knobelstar!

Hier findest du die Lösung zu Seite 9.
Emmas Tipps und Hinweise helfen dir.

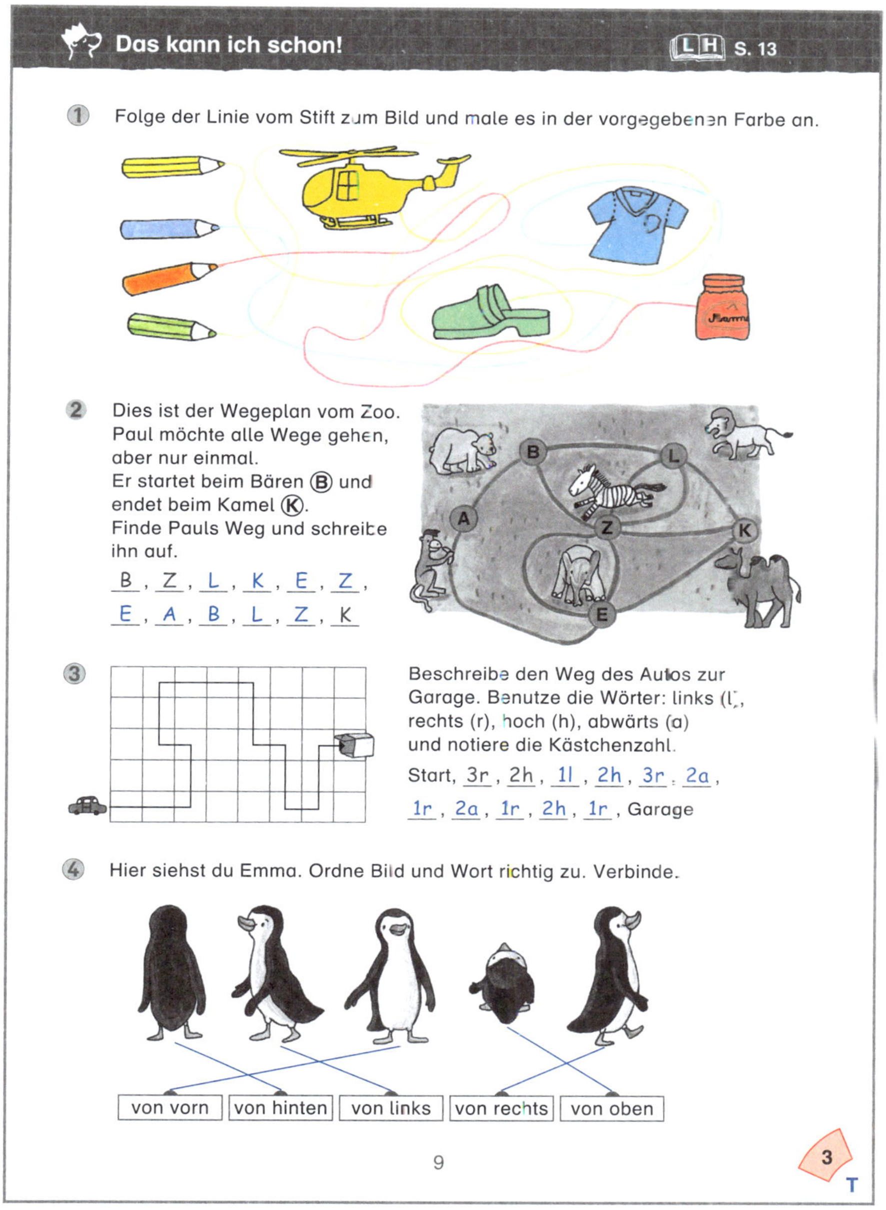

Das kann ich schon! LH S. 13

① Folge der Linie vom Stift zum Bild und male es in der vorgegebenen Farbe an.

② Dies ist der Wegeplan vom Zoo. Paul möchte alle Wege gehen, aber nur einmal. Er startet beim Bären Ⓑ und endet beim Kamel Ⓚ. Finde Pauls Weg und schreibe ihn auf.

B, Z, L, K, E, Z, E, A, B, L, Z, K

③ Beschreibe den Weg des Autos zur Garage. Benutze die Wörter: links (l), rechts (r), hoch (h), abwärts (a) und notiere die Kästchenzahl.

Start, 3r, 2h, 1l, 2h, 3r, 2a, 1r, 2a, 1r, 2h, 1r, Garage

④ Hier siehst du Emma. Ordne Bild und Wort richtig zu. Verbinde.

von vorn | von hinten | von links | von rechts | von oben

9

3 T

Achte besonders an den Kreuzungspunkten genau auf den Weg.
→ S. 4

Probiere mit unterschiedlichen Buntstiften.
→ S. 5

Vergleiche deine Beschreibung noch einmal genau mit der Zeichnung.
→ S. 7

Spiele die Bilder mit einem Kind deiner Klasse nach.
→ S. 8

Überprüfe so:

④

von vorn	von hinten	von links
f falsch	f falsch	✓ richtig

Hier findest du die Lösung zu Seite 17.
Emmas Tipps und Hinweise helfen dir.

Das kann ich schon! LH S. 14

① Setze das Muster fort. Zeichne und male es aus.

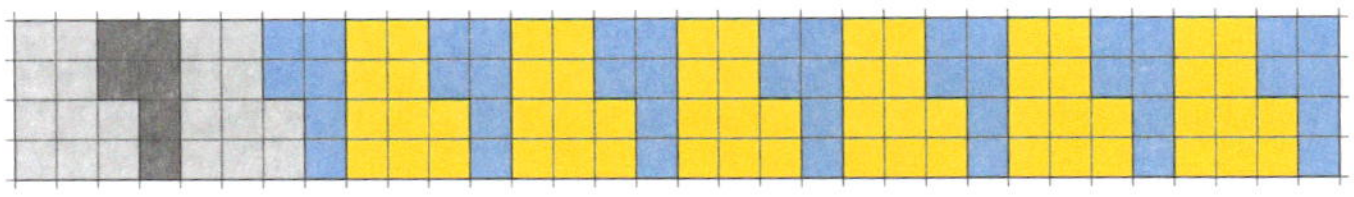

Zähle die Kästchen, achte auf die Farben.
→ S. 10

② Aus wie vielen gelben Kästchen bestehen die Figuren?

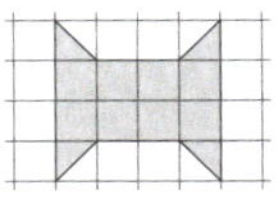 10 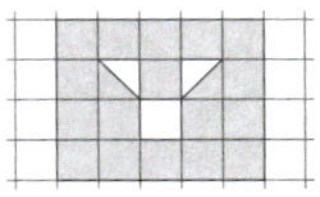 18 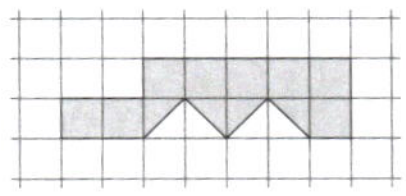 10

Manchmal hilft dir das Einmaleins. Achte auf halbe Kästchen.
→ S. 11

③ Male alle Formen in der angegebenen Farbe aus und zähle.

Figuren	Farbe	Anzahl
Quadrate		3
Rechtecke		4
Dreiecke		3
Kreise		4

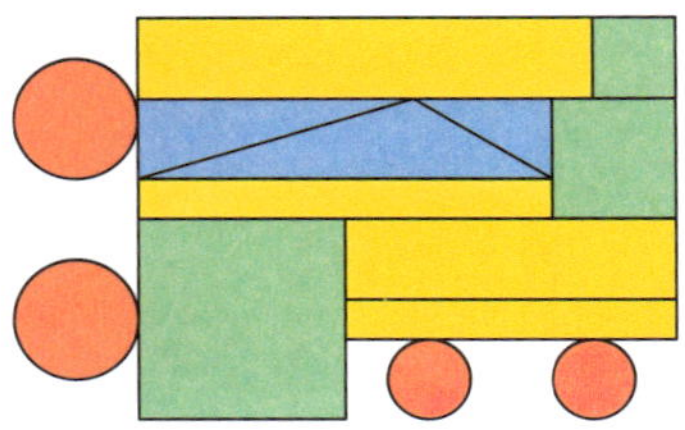

Geometrische Figuren
Quadrat: □
Rechteck: ▭
Dreieck: △
Kreis: ○
→ S. 12

④ Aus welchen Körpern bestehen die Figuren? Zähle und schreibe auf.

a) 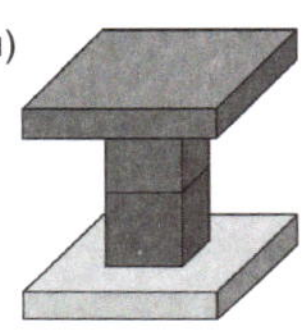 b) 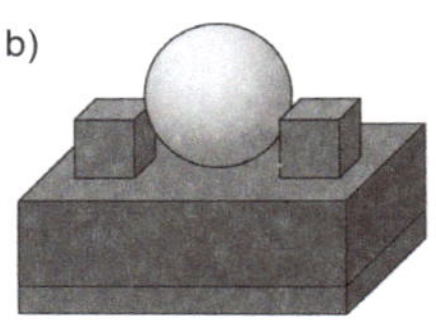

Figuren	a)	b)
Würfel	2	2
Quader	2	2
Kugel	0	1

Geometrische Körper
Würfel:
Quader:
Kugel:
→ S. 13

⑤ Zeichne das Spiegelbild der Figuren.

a) 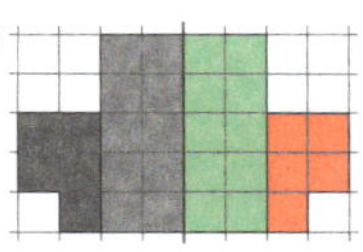 b) 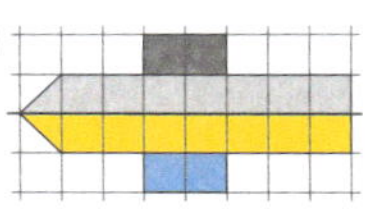

Prüfe mit dem Spiegel.
→ S. 15

17

4 R

Überprüfe so:

⑤ b)

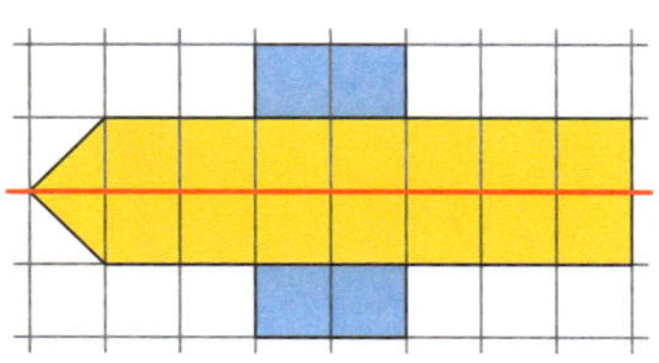

✓ richtig

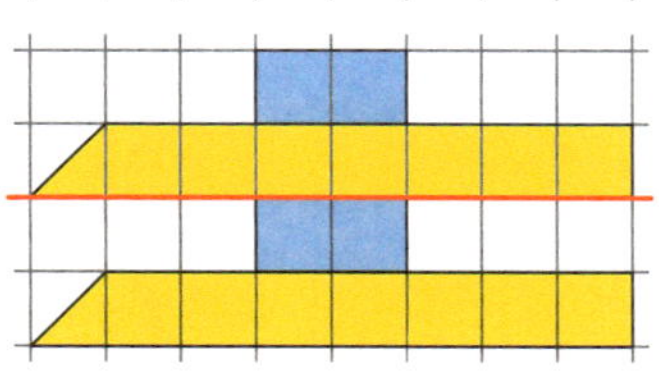

f falsch

Noch unsicher?
Auf diesen Seiten
kannst du die Aufgaben
noch einmal wiederholen.

Hier findest du die Lösung zu Seite 25.
Emmas Tipps und Hinweise helfen dir.

Das kann ich schon!

LH S. 15

① a) Suche diese Teile im Puzzle und male sie entsprechend an.

b) Male dann beide Flaggen im Puzzle ganz aus.

c) Zu welchem Land gehört die linke Flagge?

Deutschland

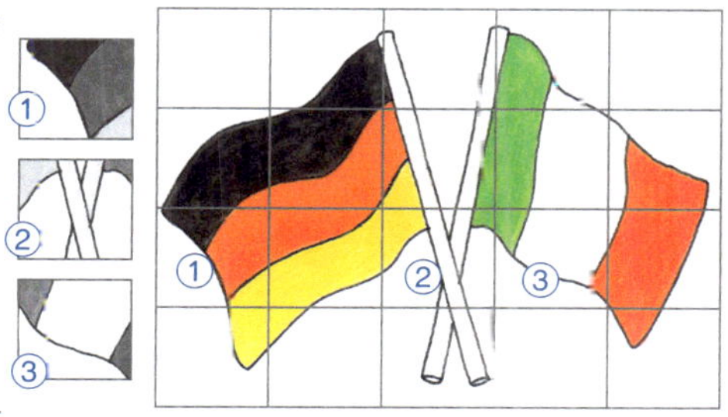

Achte genau auf die Linien und Farben in den Puzzleteilen.
→ S. 18

② Welche Zahl passt nicht dazu? Kreise sie ein und finde die Regel.

a) 35 25 65 (16) 45 85 — 5 an der E-Stelle

b) 9 5 7 8 (11) 4 — einstellige Zahl

c) 23 45 12 34 56 (42) — E-Stelle = Z-Stelle + 1

Was unterscheidet eine Zahl von allen anderen?
→ S. 19

③ Rechne die Zauberquadrate aus. Trage alle fehlenden Zahlen ein.

a)

5	10	9
12	8	4
7	6	11

b)

10	15	14
17	13	9
12	11	16

c)

13	18	17
20	16	12
15	14	19

Beim Addieren ist immer das gleiche Ergebnis nebeneinander, untereinander und schräg.
→ S. 21

④ Hier stehen die Lastwagen (LKW) der Firmen Meier, Schmidt und Müller. Lies die Angaben genau. Schreibe dann die richtigen Namen auf die LKWs und male sie an.

- Der Meier-LKW ist rot.
- Der Schmidt-LKW ist der größte und blau.
- Der gelbe LKW steht ganz links.
- Der Müller-LKW ist gelb.

Prüfe abschließend noch einmal alle Angaben genau.
→ S. 22

⑤ Finde mit der Drehscheibe die richtigen Zahlen. Löse dann die Aufgaben.

K	+	D	=	13
7		6		

H	−	O	=	6
9		3		

C	·	W	=	12
4		3		

25

4 E

Hier musst du die Drehscheibe andersherum anwenden: Suche im Fenster die Buchstaben.
→ S. 23

Überprüfe so:

Noch unsicher? Auf diesen Seiten kannst du die Aufgaben noch einmal wiederholen.

② a)

35 (25) 65
16 45 85
f falsch

35 25 65
(16) 45 85
✓ richtig

Hier findest du die Lösung zu Seite 39.
Emmas Tipps und Hinweise helfen dir.

Das kann ich schon!
LH S. 16

① Lies die richtigen Uhrzeiten auf diesen Spiegelbildern ab.

a)  4 Uhr oder 16 Uhr

b)  2.30 Uhr oder 14.30 Uhr

c)  4.10 Uhr

 15.36 Uhr

Halte zur Kontrolle einen Spiegel rechts oder links neben die Bilder.
→ S. 27

② a) Welche Zahlen der 7er-Reihe sind größer als 20 und kleiner als 40?
Lösung: 21, 28, 35

b) Welche Zahlen haben gleich viele Zehner und Einer und sind kleiner als 30?
Lösung: 11, 22

c) Gesucht sind alle Zahlen, die zur 6er- und auch zur 8er-Reihe gehören.
Lösung: 24, 48

Lies genau und beachte die „Grenzzahlen".
→ S. 30

③ Jedes Zeichen steht für eine Zahl. Schreibe mit Zahlen.

a) ☆ · ☆ = 36
6 · 6 = 36
☆ + ☾ = 11
6 + 5 = 11

b) ☆ − ☾ = ▲
6 − 5 = 1
▲ · ☾ = ☾
1 · 5 = 5

c) ☆ · ▲ = ☆
6 · 1 = 6
☆ : ☆ = ▲
6 : 6 = 1

☆ = 6
☾ = 5
△ = 1

Mit den ersten Aufgaben entschlüsselst du die Zeichen. Die letzten sind zur Kontrolle.
→ S. 34

④ Setzte richtig ein: (+), (−), (·), (:)

8 (:) 4 = 2	7 (·) 5 = 35	6 (:) 3 (+) 23 = 25
8 (−) 4 = 4	7 (+) 5 = 12	7 (·) 5 (−) 10 = 25
8 (+) 4 = 12	12 (:) 3 = 4	9 (·) 4 (−) 11 = 25
8 (·) 4 = 32	12 (−) 4 = 8	25 (:) 5 (·) 5 = 25

Denke nach: Welche Zeichen sind möglich. Schreibe dann zunächst mit Bleistift.
→ S. 36

⑤ Wie viele Dreiecke siehst du in dieser Figur?

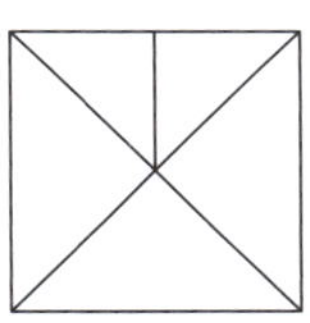

Es sind 10 Dreiecke.

Beachte: Es gibt kleine, mittlere und große Dreiecke.
→ S. 28

39

3 o

Überprüfe so:

④
8 (:) 4 = 2 ✓ richtig
8 (+) 4 = 4 f falsch
8 (−) 4 = 12 f falsch
8 (·) 4 = 32 ✓ richtig

Noch unsicher?
Auf diesen Seiten
kannst du die Aufgaben
noch einmal wiederholen.

1 Bestimme die Zauberzahlen und ergänze die Zauberquadrate.

(+)

2	7	6	→ 15
9	5	1	→ 15
4	3	8	→ 15
15	15	15	15 (diagonal)

Zauberzahl: 15

a) (+)

7	12	11
14	10	6
9		

Zauberzahl: ___

b) (+)

9	14	13
11	10	15

Zauberzahl: ___

c) (+)

		15
18	14	10
	12	

Zauberzahl: ___

d) (+)

		18
	17	
16	15	

Zauberzahl: ___

2 Trage die fehlenden Symbole und Zahlen in das Sudoku ein.

Regel: In jeder Zeile, jeder Spalte und jedem 6er-Feld dürfen die unterschiedlichen Zeichen oder Zahlen nur einmal vorkommen. Setze die fehlenden Zeichen oder Zahlen ein.
Tipp: Beginne mit den Zeilen, Spalten oder 6er-Feldern, in denen nur ein Zeichen fehlt.

a) ★, ☾, ♥, ●, ▲, ■

★		☾	♥	▲	
	♥	●	☾	■	
☾		★		●	
■		♥	▲		☾
●	☾		★		
		■	●		▲

b) 1, 2, 3, 4, 5, 6

6			■		4
5	1	4		2	■
3			1	4	5
4	■	1	2		6
■	6	3		5	1
1		5	■		2

■ ■ ■ ■ ■

Um das Sudoku auszufüllen, brauchst du einen ___ ___ ___ ___ ___ .

1 Lies genau die Angaben. Male dann das Bild weiter aus. Findest du auch die Namen der Kinder heraus? Schreibe sie in das richtige Feld.

- Maries T-Shirt ist rot.
- Ein Junge trägt einen gelben Ball.
- Jan hat orangefarbene Schuhe und einen grünen Ball.
- Der Junge mit den grünen Schuhen steht rechts von Marie (von vorn gesehen).
- Stefan hat ein grünes T-Shirt.
- Das Kind mit den gelben Schuhen trägt eine blaue Hose.
- Ein T-Shirt ist blau.

① Hier wurden die Wörter mit der Drehscheibe in Geheimsprache verwandelt. Verbinde sie mit der richtigen Zahl.

I G E L	E S E L	A F F E	G A N S
4 5 6 1	5 7 4 1	7 2 1 5	5 2 2 8

② Welche Tiere sind hier in Geheimsprache versteckt?

9	5	5	6

9	7	9	1

9	7	8	6

③ Wandle die Buchstaben in Zahlen um. Verbinde dann die Punkte bei den Zahlen der Reihe nach von klein nach groß.

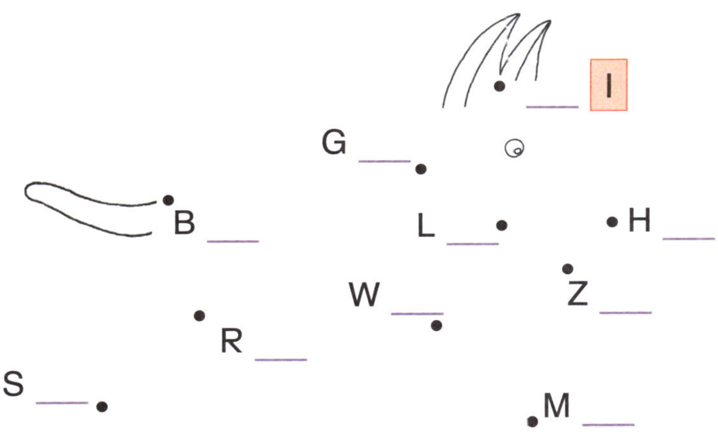

④ Löse diese Aufgaben mit der Drehscheibe.

a)
E + I = ___
J + T = ___
C + D = ___

b)
U – D = ___
I – C = ___
G – S = ___

c)
F · N = ___
T · K = ___
B · R = ___

 LH S. 5

1. Zu Pauls Geburtstagsfeier kommen viele Gäste und bringen Geschenke mit.

   a) Finde das Kind mit braunen Schuhen, aber ohne Kuchen,
   mit Luftballon, aber ohne Blume,
   mit braunen Haaren, aber ohne Luftschlange.

   b) Suche das Geschenk in Quaderform, aber nicht in Würfelform,
   mit Schleife, aber ohne gelbes Papier,
   mit blauem Papier, aber ohne Brief.

Das gesuchte Kind heißt ________. Das Geschenk hat die Nummer ___.

① a) Suche diese Teile im Puzzle und male sie entsprechend an.

b) Male dann beide Flaggen im Puzzle ganz aus.

c) Zu welchem Land gehört die linke Flagge?

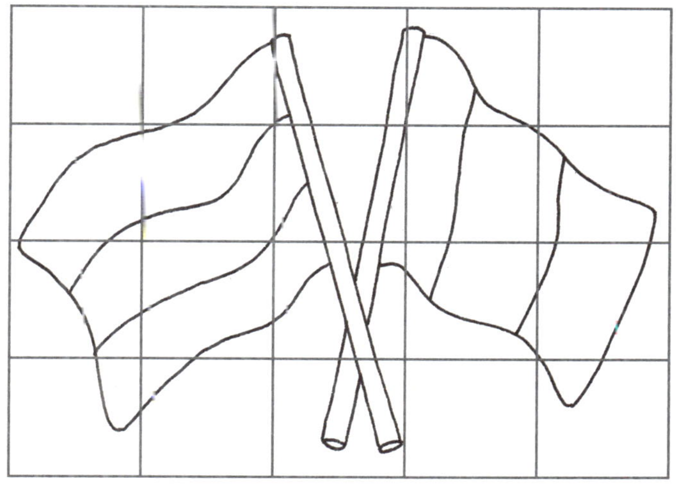

____

② Welche Zahl passt nicht dazu? Kreise sie ein und finde die Regel.

a) 35 25 65 16 45 85

b) 9 5 7 8 11 4

c) 23 45 12 34 56 42

______________________ ______________________ ______________________

③ Rechne die Zauberquadrate aus. Trage alle fehlenden Zahlen ein.

a)

5		
	8	4
7		11

b)

		14
	13	
12		16

c)

20	16	12
15		

④ Hier stehen die Lastwagen (LKW) der Firmen Meier, Schmidt und Müller. Lies die Angaben genau. Schreibe dann die richtigen Namen auf die LKWs und male sie an.

- Der Meier-LKW ist rot.
- Der Schmidt-LKW ist der größte und blau.
- Der gelbe LKW steht ganz links.
- Der Müller-LKW ist gelb.

⑤ Finde mit der Drehscheibe die richtigen Zahlen. Löse dann die Aufgaben.

K + D = ___ H − O = ___ C · W = ___

Zeitangaben

LH S. 5

① In der Schule findet ein großes Klassenfest statt. Wer ist wann gekommen? Lies genau, was die Kinder sagen, und überlege. Trage die Namen neben der Ankunftszeit in die Tabelle ein.

Großes Klassenfest
am 10. Juni

Beginn: 16.00 Uhr

Ankunftszeit	Name(n)
15.50 Uhr	
16.00 Uhr	
16.10 Uhr	
16.30 Uhr	
16.45 Uhr	

2 Kinder kamen gleichzeitig. Es sind ______________ und ______________.

① Überlege, wie oft der große Zeiger den kleinen Zeiger ein- oder überholt.

a) von 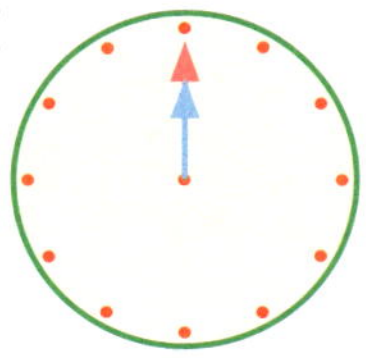 bis 13.00 Uhr? ___ mal

b) von 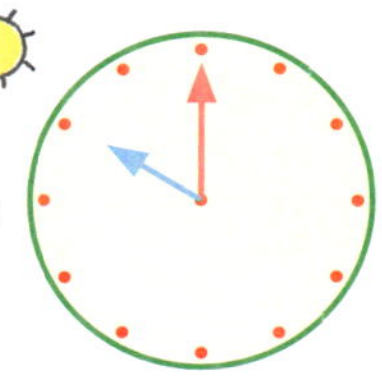 bis 12.00 Uhr? ___ mal

c) von 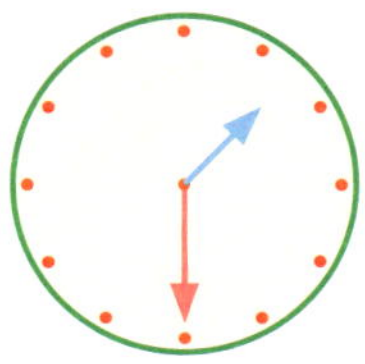 bis 4.30 Uhr? ___ mal

d) von 12.00 Uhr bis 24.00 Uhr? ___ mal

② Diese Uhren sind alle spiegelverkehrt abgebildet.
Nimm einen Spiegel und lies damit die richtigen Uhrzeiten ab.

a) 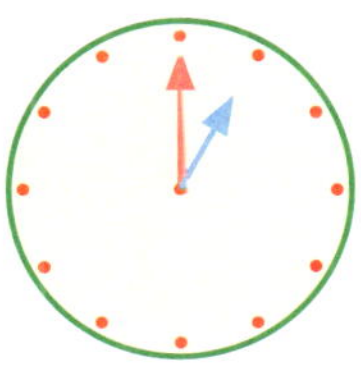 ___ Uhr oder ___ Uhr

b) 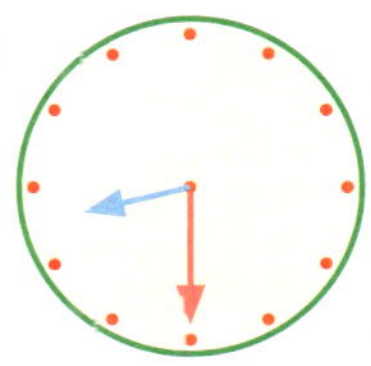 ___ Uhr oder ___ Uhr

c) 10:80 ___ Uhr

d) 52:20 ___ Uhr

③ Luka geht immer um 7.30 Uhr aus dem Haus und ist um 8.10 Uhr in der Schule. Anna geht in die gleiche Klasse wie Luka, hat aber einen um 20 Minuten kürzeren Schulweg. Sie kommt 5 Minuten später in der Schule an als Luka. Wann geht Anna von zu Hause los?
Die Skizze hilft dir bei der Lösung:

Luka
Haus 7.30 Uhr — Schulweg ___ min — Schule 8.10 Uhr

Anna
Haus ___ Uhr — Schulweg ___ min — Schule ___ Uhr

Anna geht um ______ Uhr von zu Hause los.

Zu ① bis ③: 1, 2, 3, 3.30, 5.52, 7.55, 8.01, 8.15, 11, 12, 15.30, 20, 23, 40

1. Lukas hat Spielzeugautos gesammelt. Seine Schwester soll raten, wie viele es sind: „Hätte ich doppelt so viele, so hätte ich 8 Autos mehr als ich jetzt habe.“

Lukas hat ☐ Autos.

2. Die Kinder vergleichen ihr wöchentliches Taschengeld:

Anna hat doppelt so viel wie Clara. Bernd hat 3 € mehr als Anna. Clara bekommt jede Woche 2 €.
Wie viel Taschengeld bekommen Anna und Bernd?

Anna bekommt ☐ €, Bernd ☐ € Taschengeld.

3. Hanna will ihre Freundinnen ins Schwimmbad einladen. Ihr Geld reicht für 3 Eintrittskarten, sie hat dann noch 2 € übrig. Sie braucht aber 4 Karten. Da fehlen ihr noch 2 €. Wie viel kostet 1 Eintrittskarte?

Eine Eintrittskarte kostet ☐ €.

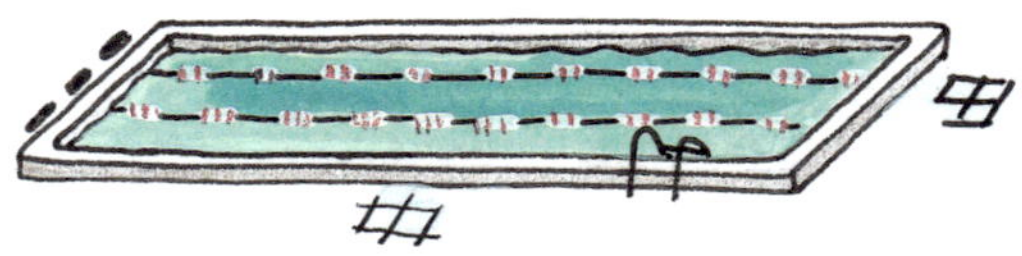

4. Lukas ist 2 Jahre jünger als seine Schwester. Wenn du das Alter von beiden malnimmst, kommt genau das Alter des Vaters heraus. Der ist 48 Jahre. Wie alt sind Lukas und seine Schwester?

Lukas ist ☐ Jahre, seine Schwester ☐ Jahre alt.

5. Wie viele Dreiecke siehst du in dieser Figur?

Ich sehe ☐ Dreiecke.

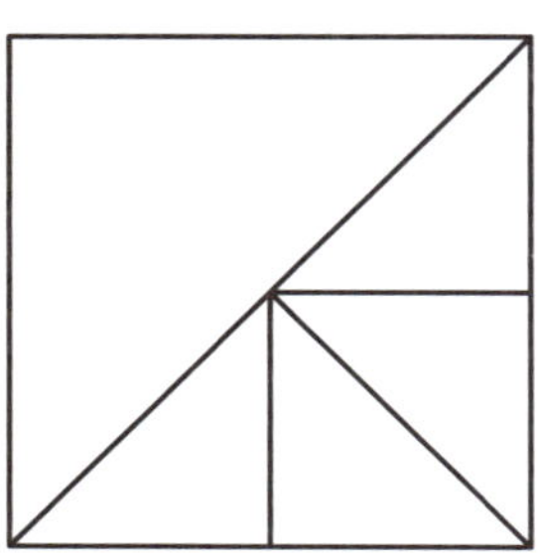

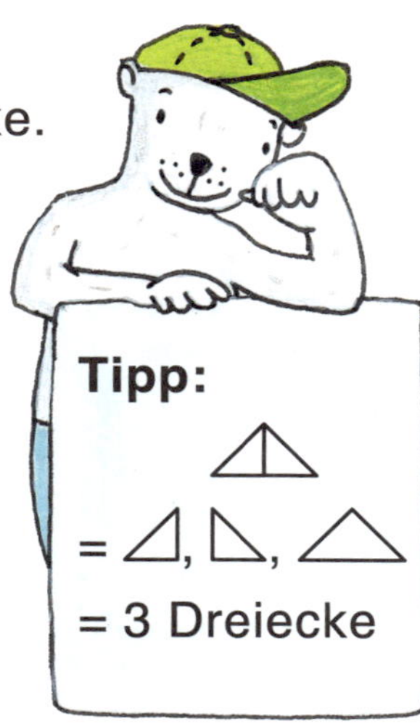

6. In dieser Figur sind genauso viele Dreiecke wie Quadrate.

Von den Dreiecken und Quadraten gibt es je ☐ Stück.

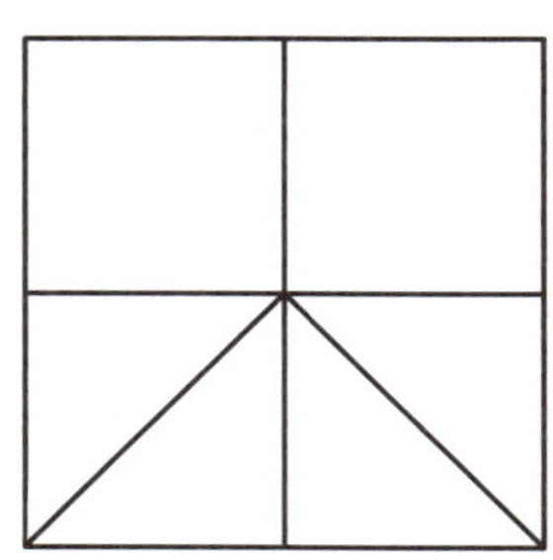

Trage hier alle Lösungszahlen auf dieser Seite ein.

☐ ☐ ☐ ☐ ☐ ☐ ☐ ☐

Lösungswort: ___ ___ ___ ___ ___ ___ ___ ___

① Paul hat auf dem Schulhof Kinder nach ihrem Lieblingsessen befragt. Hier siehst du das Ergebnis:

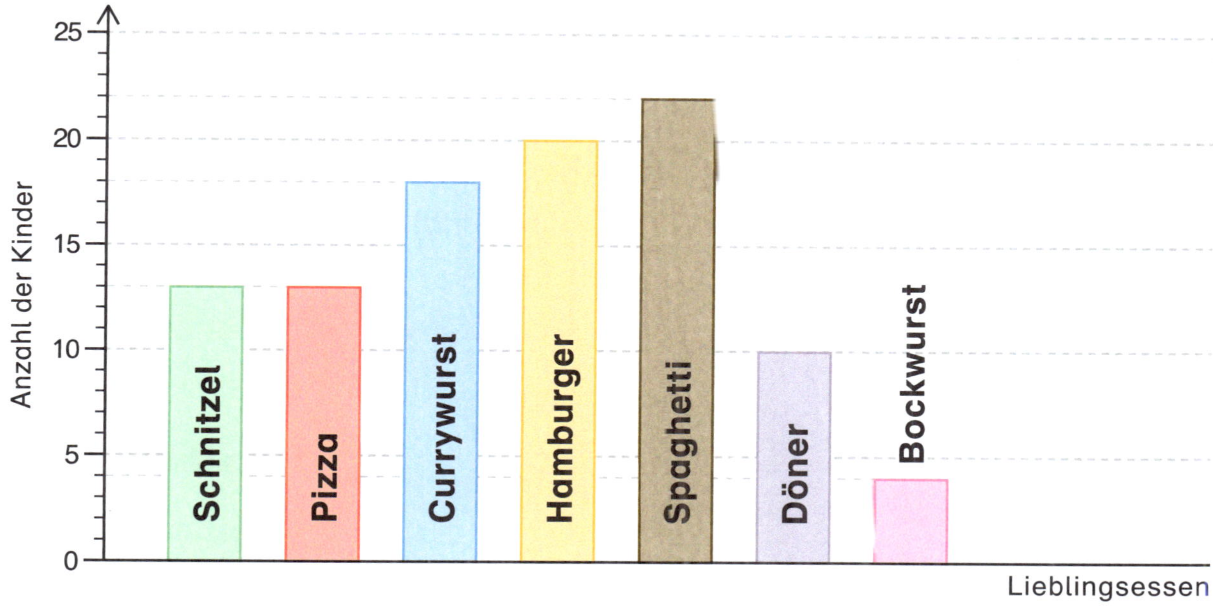

a) Zu welchen Fragen findest du im Säulenbild eine Antwort? Schreibe nur diese Antworten auf.

1 Welches Essen ist am beliebtesten?

2 Was kostet eine Currywurst?

3 Welche Gerichte sind gleich beliebt?

4 Welches Essen ist am wenigsten beliebt?

5 Wie viele Nudeln sind in jeder Portion enthalten?

6 Wie groß ist der Unterschied zwischen dem beliebtesten und dem am wenigsten beliebten Essen?

4 Antworten (Schreibe auch die Nummer der Frage dazu):

☐ ____________________

☐ ____________________

☐ ____________________

☐ ____________________

b) Wie viele Kinder haben Paul insgesamt geantwortet?

Rechnung: ____________________

Paul haben ______ Kinder geantwortet.

① Schreibe unter jede Rätseltruhe die passende Aufgabe und rechne dann.

a) 28 Münzen werden herausgenommen. 55 Münzen bleiben noch drin. Wie viele Münzen waren vorher in der Truhe?

__ ☐ (-) 28 = 55

b) In dieser Truhe sind 66 Münzen. Es werden noch 28 dazugelegt.

__ ◯ __ = __ ☐

c) Diese Truhe war leer. Nun kommen 7 · 9 Münzen hinein.

__ ◯ __ = __ ☐

d) Wie viel mal 6 Münzen wurden in diese Truhe gelegt, wenn jetzt 42 Münzen drin sind?

__ ◯ __ = __ ☐

e) Die 32 Münzen in dieser Truhe sollen an 8 Piraten verteilt werden.

__ ☐ ◯ __ = ☐

f) In dieser Truhe waren 100 Münzen, nun ist nur noch der zehnte Teil drin.

__ ◯ ☐ __ = __

☐ ☐ ☐ ☐ ☐ ☐ ☐

Lösungswort: __ __ __ __ __ __ __

② Schreibe unter jede Rätseltruhe die richtigen Zahlen.

Welche Zahlen sind größer als 79 und kleiner als 85?

______

Welche Zahlen aus der 8er-Reihe sind größer als 60 und kleiner als 80?

______

Welche Zahlen aus der 9er-Reihe sind größer als 35 und kleiner als 70?

______

Insgesamt 11 Zahlen

① Hanna feiert ihren Geburtstag. Ihre ganze Klasse ist eingeladen.
Rechne zunächst die Aufgaben in der Mitte aus.
Lies dann die Fragen und beantworte sie mithilfe dieser Rechnungen.

a) Auf Hannas Geburtstag sind 31 Kinder und 16 Erwachsene. Wie viele Gäste hat Hanna?

Hanna hat __ ☐ Gäste.

d) Es werden 4 Kästen Wasser getrunken. In jedem Kasten sind 8 Flaschen. Wie viele Flaschen Wasser werden insgesamt getrunken?

Es werden ___ Flaschen getrunken.

b) Hanna hat den Raum für die Geburtstagsfeier mit 31 gelben und 16 roten Luftballons geschmückt. Wie viele Luftballons sind im Raum?

Es sind ☐ __ Luftballons im Raum.

31 + 16 = ___
47 − 16 = ___
4 · 8 = ___
32 : 8 = ___

e) Zum Schluss werden 32 Kugeln Eis an die letzten 8 Gäste gerecht verteilt. Wie viele Kugeln bekommt jeder?

Jeder bekommt ☐ Kugeln.

c) Auf Hannas Geburtstagsfeier werden die 32 Kinder gleichmäßig auf 8 Bänke verteilt. Wie viele Kinder sitzen auf jeder Bank?

Auf jeder Bank sitzen ☐ Kinder.

f) Hanna hat zum Nachtisch 47 Schokoküsse besorgt. 16 Stück werden gegessen. Wie viele Schokoküsse bleiben übrig?

Es bleiben __ ☐ Schokoküsse übrig.

			O		

Lösungswort: ___ ___ ___ ___ ___ ___

Anweisungen genau lesen

____

① Lies zuerst alle Punkte sorgfältig durch, bevor du auf dieser Seite etwas tust.

② Schreibe deinen Namen auf die Linie in der linken oberen Ecke dieses Blattes.

③ Male einen Kringel um das Wort „Namen“ im Satz ②.

④ Zeichne 3 □ in die linke untere Ecke des Blattes.

⑤ Zeichne ein x in das mittlere der 3 Vierecke.

⑥ Untersteiche die Überschrift.

⑦ Rechne aus: 92 – 34 = ___

⑧ Notiere hier den Namen deiner Mathe-Lehrerin/deines Mathe-Lehrers.

____

⑨ Lege dein Mathebuch unter dieses Blatt.

⑩ Rechne aus: 8 · 7 = ___

⑪ Male einen Kringel um deinen Namen oben links.

⑫ Nun ergänze das Ergebnis von Punkt ⑩ zu 100: ___ + ___ = 100

⑬ Rechne aus: 35 : 5 = ___

⑭ Notiere hinter diesem Satz eure Telefonnummer: ______________

⑮ Nachdem du nun alles aufmerksam gelesen hast, tue bitte nur das, was in Satz ② verlangt wird.

① Setze die fehlenden Zahlen ein. Schreibe mit Bleistift.

a) Plus-Aufgaben

So rechnest du:
37 + 8 = 45
37 + 4 = 41
8 + 4 = ___

45 – 8 / 37, 4 – ☐ – 41	☐ – 14 / 25, 43 – ☐ – ☐	☐ – 26 / 38, ___ – 73 – ☐	

b) Vergleiche die Zahlen in den oberen drei Dreiecken und setze fort.

☐ – 3 / 5, 7 – ☐ – ☐	16 – ___ / 10, 14 – ☐ – ☐	☐ – ___ / 20, ___ – 40 – 48	64 – ___ / ___, ___ – 80 – 96

c) Hier musst du malnehmen.

12 – 3 / 4, 5 – ☐ – 20	☐ – 5 / 6, 7 – ☐ – ☐	40 – 8 / ___, 4 – ☐ – ☐	☐ – ___ / 7, ___ – 27 – 21

Lösungswort: ___ ___ ___ ___ ___ ___ ___ ___

② Rechne die Zahlenmauern mit + und − aus.

Zahlenmauer 1 (unten): 7, 9, 8, 6

Zahlenmauer 2 (oben): 100, 50, 25, 12

Zahlenmauer 3: zweite Reihe von unten: 24, 12, ☐; unten: 16, ☐, ☐, 2

① Hinter jeder Frucht versteckt sich eine Zahl. Gleiche Bilder bedeuten gleiche Zahlen. Finde die Zahlen heraus. Schreibe mit Bleistift.

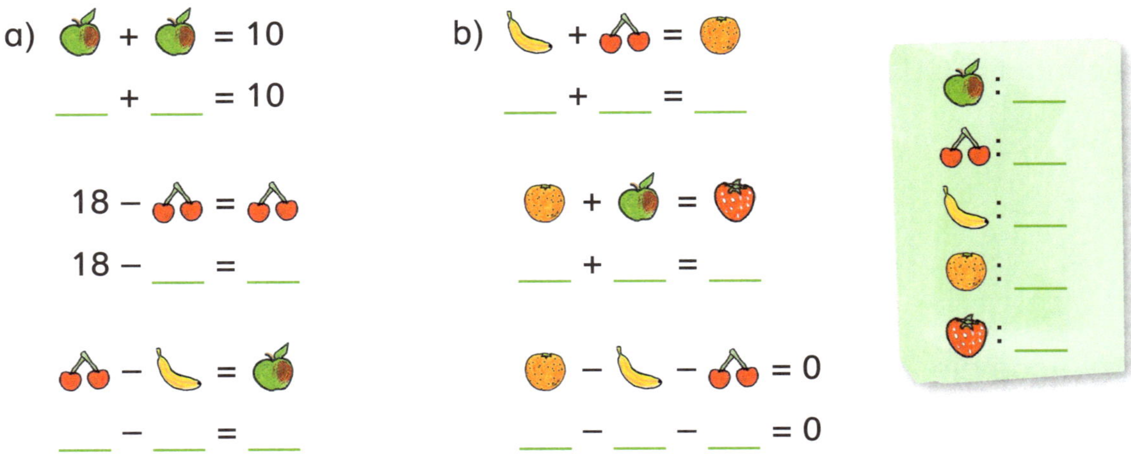

② Diesmal steht jeder farbige Luftballon für eine Zahl oder Ziffer.

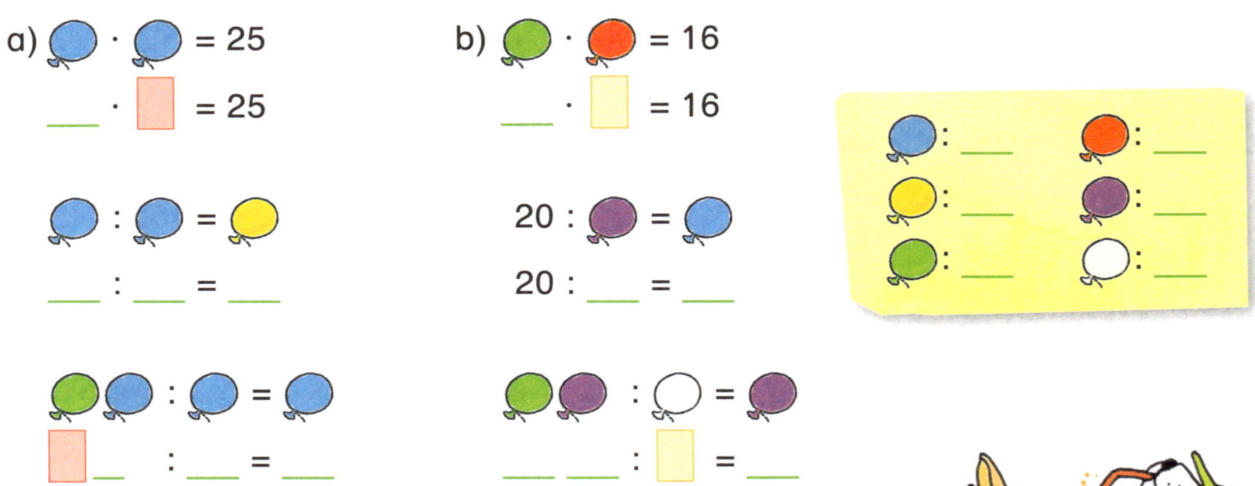

Lösungswort: ___ ___ ___ ___

③ Setze für die Figuren die Zahlen 2, 3 oder 5 ein, sodass richtige Aufgaben entstehen. Probiere zunächst mit einem Bleistift.

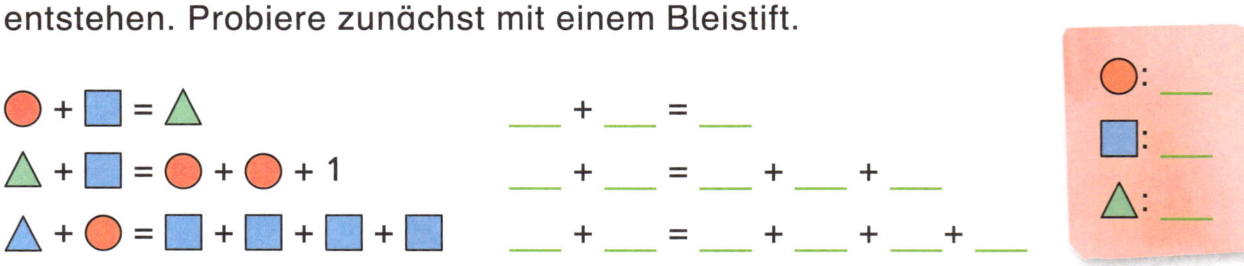

① Emma und Paul haben eine Rechenmaschine erfunden. Sie rechnet mit verschiedenen Programmen Ⓟ: Eingabe 〉Ⓟ〈 Ausgabe.
Löse genauso.

a) +-Programm: Die beiden Ziffern einer Zahl werden addiert.

35 〉3 + 5〈 8   36 〉+〈 ☐   15 〉+〈 ☐   43 〉+〈 ___   46 〉+〈 ___

b) •-Programm: Jetzt werden die beiden Ziffern multipliziert.

35 〉3 • 5〈 15   36 〉•〈 ___   15 〉•〈 ___   43 〉•〈 ___ ☐   46 〉•〈 ___

c) +■-Programm: Diesmal rechnet die Maschine zwei Schritte hintereinander. Zuerst die Ziffern addieren, dann das Ergebnis mit sich selbst malnehmen (Quadratzahl).

35 〉3 + 5 = 8 | 8 ■ 8 = 64〈 64   36 〉___ + ___ = ___ | ___ ■ ___ = ___〈 ___

15 〉+ | ■〈 ☐ ___   43 〉+ | ■〈 ___   46 〉+ | ■〈 ___

Wo kannst du deine Aufgaben hineinschreiben? Lösungswort: ___ ___ ___ ___

② ■■+-Programme bilden zu beiden Ziffern die Quadratzahl. Danach werden die beiden Ergebnisse addiert. Rechne genauso.

36 〉3 ■ 3 = 9 | 6 ■ 6 = 36 | 9 + 36 = 45〈 45

66 〉___ ■ ___ = ___ | ___ ■ ___ = ___ | ___ + ___ = ___〈 ___

18 〉___ ■ ___ = ___ | ___ ■ ___ = ___ | ___ + ___ = ___〈 ___

12 〉■ | ■ | +〈 ___   24 〉■ | ■ | +〈 ___   32 〉■ | ■ | +〈 ___

5, 13, 20, 65, 72

① Setzte richtig ein: (+), (−)

a) 35 ◯ 6 ◯ 8 = 33
75 ◯ 8 ◯ 6 = 61
24 ◯ 7 ◯ 3 = 34

b) 85 = 72 ◯ 2 ◯ 15
63 = 33 ◯ 14 ◯ 16
25 = 45 ◯ 9 ◯ 11

② Setzte richtig ein: (+), (−), (·), (:)

a) 30 ◯ 5 = 6
5 ◯ 6 = 30
30 ◯ 5 = 25
25 ◯ 5 = 30

b) 3 ◯ 8 = 24
18 ◯ 6 = 24
18 ◯ 6 = 3
24 ◯ 18 = 6

c) 4 ◯ 9 ◯ 5 = 31
3 ◯ 8 ◯ 4 = 28
48 ◯ 8 ◯ 2 = 8
72 ◯ 9 ◯ 3 = 5

③ Links und rechts das Gleiche! Rechne beide Seiten aus.

a) nur (+) und (−)

32 ◯ 27 = 69 ◯ 10
________ = ________

88 ◯ 46 = 21 ◯ 21
________ = ________

52 ◯ 16 = 25 ◯ 11
________ = ________

b) (+), (−), (·), (:)

7 ◯ 5 = 29 ◯ 6
________ = ________

48 ◯ 6 = 24 ◯ 16
________ = ________

64 ◯ 8 = 2 ◯ 4
________ = ________

④ Rechne quer und von oben nach unten.

26	◯	6	◯	3	=	29
◯		◯		◯		
7	◯	9	◯	7	=	9
◯		◯		◯		
2	◯	5	◯	4	=	14
=		=		=		
17		59		25		

① Setze die drei passenden Zahlen ein. Eine Zahl bleibt immer übrig.

a) Plus-Aufgaben

26 3 7 4 — __ + __ + __ = 36

4 17 6 8 — __ + __ + __ = 27

16 14 12 44 — __ + __ + __ = 74

b) Minus-Aufgaben

38 5 6 5 — __ − __ − __ = 28

21 15 61 10 — __ − __ − __ = 30

13 95 18 12 — __ − __ − __ = 65

Zahlen, die übrig bleiben: 4, 6, 8, 12, 13, 15

② Das 18er-Würfelspiel.

Paul und Emma spielen das 18er-Würfelspiel. So funktioniert es: Sie werfen mit 4 Würfeln gleichzeitig. Dann versuchen sie, aus den Augenzahlen eine Kettenaufgabe zu bilden. Das Ergebnis soll möglichst nahe bei der Zahl 18 liegen. Die Reihenfolge der Rechenzeichen +, −, ·, : ist beliebig.

Pauls Rechnung: 3 + 3 + 5 + 4 = 15

Emmas Rechnung: 3 · 3 + 5 + 4 = 18

a) 

__ ◯ __ ◯ __ ◯ __ = __

b) 

__ ◯ __ ◯ __ ◯ __ = __

c) 

__ ◯ __ ◯ __ ◯ __ = __

d) 

__ ◯ __ ◯ __ ◯ __ = __

e) Spiele selbst mit 4 Würfeln das Spiel.

(1) Emma bereitet ihre Geburtstagsfeier vor. Paul möchte ihr helfen und liefert die Getränkekästen zu ihr nach Hause. Suche den richtigen Weg zum Parkplatz und zeichne ihn ein. Probiere zunächst mit Bleistift.

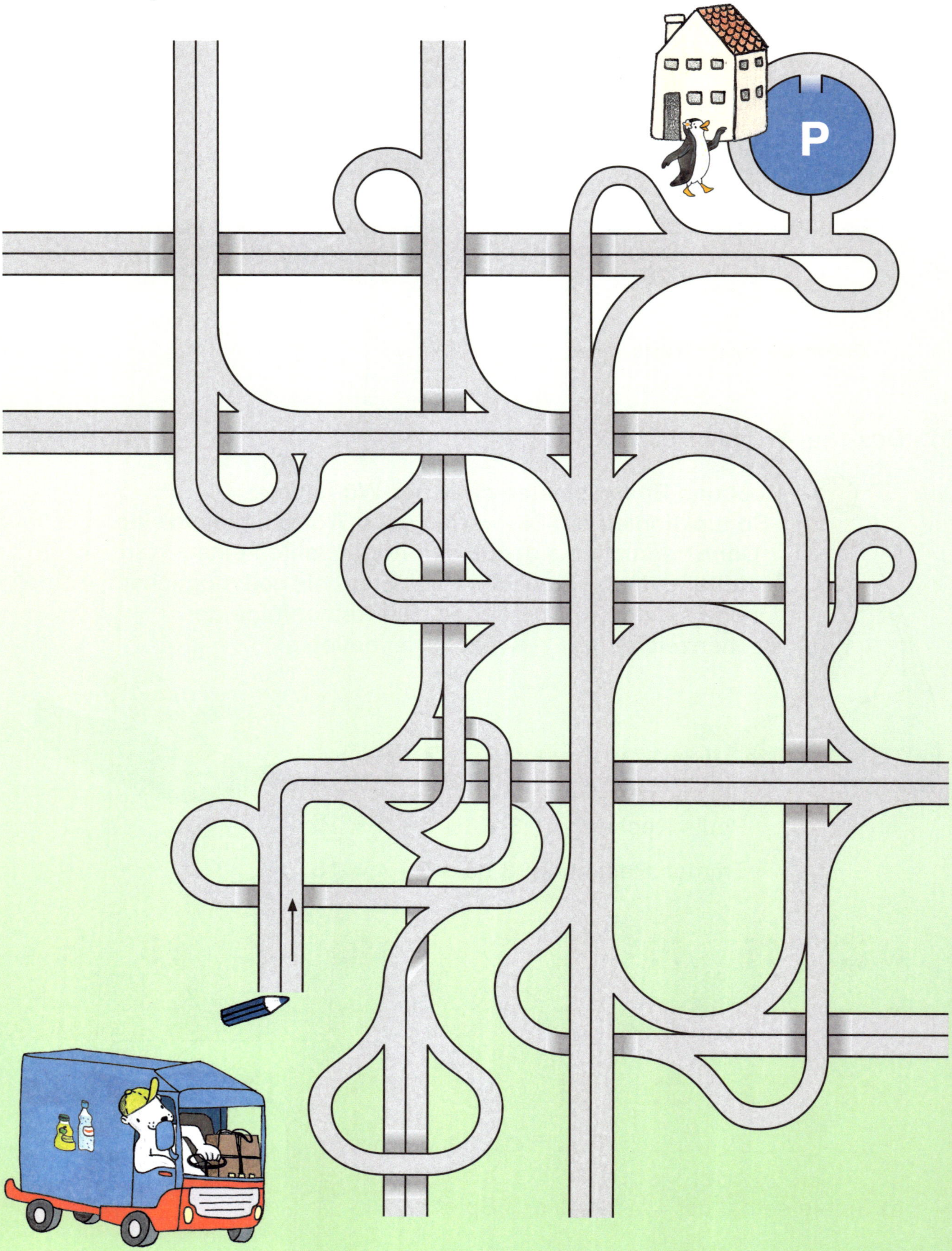

Das kann ich schon!

① Lies die richtigen Uhrzeiten auf diesen Spiegelbildern ab.

a) 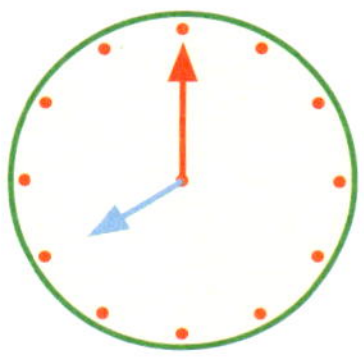 ___ Uhr oder ___ Uhr

b) 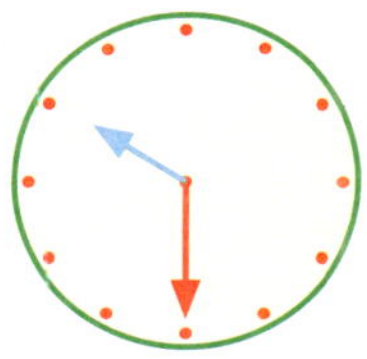 ___ Uhr oder ___ Uhr

c)  ___ Uhr ___ Uhr

② a) Welche Zahlen der 7er-Reihe sind größer als 20 und kleiner als 40?
Lösung: ___

b) Welche Zahlen haben gleich viele Zehner und Einer und sind kleiner als 30?
Lösung: ___

c) Gesucht sind alle Zahlen, die zur 6er- und auch zur 8er-Reihe gehören.
Lösung: ___

③ Jedes Zeichen steht für eine Zahl. Schreibe mit Zahlen.

a) ★ · ★ = 36
___ · ___ = 36
★ + ☾ = 11
___ + ___ = 11

b) ★ − ☾ = ▲
___ − ___ = ___
▲ · ☾ = ☾
___ · ___ = ___

c) ★ · ▲ = ★
___ · ___ = ___
★ : ★ = ▲
___ : ___ = ___

★ = ___
☾ = ___
▲ = ___

④ Setzte richtig ein: (+), (−), (·), (:)

8 ◯ 4 = 2
8 ◯ 4 = 4
8 ◯ 4 = 12
8 ◯ 4 = 32

7 ◯ 5 = 35
7 ◯ 5 = 12
12 ◯ 3 = 4
12 ◯ 4 = 8

6 ◯ 3 ◯ 23 = 25
7 ◯ 5 ◯ 10 = 25
9 ◯ 4 ◯ 11 = 25
25 ◯ 5 ◯ 5 = 25

⑤ Wie viele Dreiecke siehst du in dieser Figur?

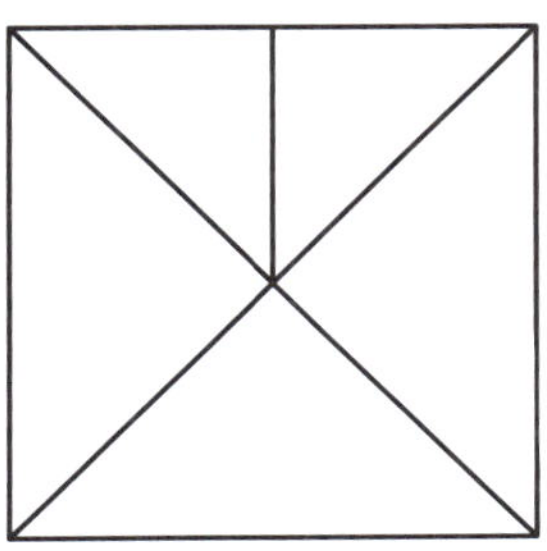

Es sind ___ Dreiecke.

3

Streng geheim!

Mit der Drehscheibe kannst du auch geheime Nachrichten an deine Freunde verschlüsseln.
Nur wer den Schlüssel kennt, kann deine Botschaft lesen.

Drehe die Scheibe solange, bis der passende Buchstabe im Sichtfenster erscheint.

Schreibe die Zahl, auf die der rote Pfeil zeigt.
Rot, gelb oder blau? Achte auf die richtige Farbe.

Das Papier ist aus chlorfrei gebleichtem Zellstoff herstellt,
ist säurefrei und recyclingfähig.

1. Auflage 2010
Druck 14 13 12 11 10

Umschlagkonzeption: Mendell & Oberer, München
Umschlaggestaltung: Daniela Kropf, Oldenburg
Layout: Melanie Beutel, Alice Wüst
Lektorat: Tilman Pflock
Herstellung: Alice Wüst
Satz: Thomas Werner, München
Illustration: Antje Keidies, Münster; Helga Meyer, Hamburg;
Detlef Seidensticker, München; Thomas Werner, München
Druck: Himmer AG, Augsburg

ISBN 978-3-637-01132-8